你的努力，终将让自己无可替代

林熙泽 著

中国出版集团
现代出版社

图书在版编目（CIP）数据

你的努力，终将让自己无可替代 / 林熙泽著. — 北京 : 现代出版社，2017.6
ISBN 978-7-5143-6139-1

Ⅰ. ①你… Ⅱ. ①林… Ⅲ. ①成功心理—青年读物
Ⅳ. ①B848.4-49

中国版本图书馆CIP数据核字（2017）第082631号

你的努力，终将让自己无可替代

作　　者	林熙泽
责任编辑	魏　巍
出版发行	现代出版社
通讯地址	北京市安定门外安华里504号
邮政编码	100011
电　　话	010-64267325 64245264（传真）
网　　址	www.1980xd.com
电子邮箱	xiandai@vip.sina.com
印　　刷	北京美图印务有限公司
开　　本	890mm×1240mm 1/32
印　　张	10
版　　次	2017年7月第1版　2017年7月第1次印刷
书　　号	ISBN 978-7-5143-6139-1
定　　价	39.80元

//

只要我们坚定自己的奋斗目标，并为此目标而锲而不舍地努力，我们的目标总会有实现的一天。

抱着必胜的信念往前走，总一天，你会在峰回路转处看到那一汪等候多时的甘泉，那就是苦难给你的最好的回报。

//

年轻的时候输得起，不怕栽跟头，不放弃自己，踏踏实实地去努力。总有一天你会发现，你经历的所有坎坷，将成为未来道路的垫脚石。

我们都需要在苦难中打磨自己，然后等待时机化茧成蝶，因为生命只有在抗衡困境时才能显出高贵和坚韧。当我们经历蜕变，也就获得一次新生。

//

梦想才是推动一个人努力前进的坚强动力。它能够让一无所有的人得到慰藉，让陷入困境的人重燃希望之火，也可以让疲惫不堪的人继续前进，奔向希望之光。

//

只要心灵的天空始终明朗，也许就会有奇迹的发生，在经历狂风暴雨之后，必然能遇见彩虹。

你没有哀伤、哭泣的必要，生活本就是一本苦难经，而我们要做的就是永远向着光明。

即便你的人生是一副烂牌，只要拥有智慧和力量，同样也能拥有美好的人生。

告诉亲爱的自己，只要你不懈追求，不断努力，岁月便不会辜负你。

ONE

所谓苦痛，不过是黎明前的黑暗

TWO

有梦想的人生，才能无所畏惧

THREE

你的努力，
将成就不可取代的你

FOUR

比努力更重要
的是坚持

SEVEN

任何不完美，都要坦然面对

ONE

所谓苦痛，
不过是黎明前的黑暗

生活中有太多的人，无形中会把困难无限地扩大，不愿为此去努力去拼搏。事实上，成功远没有想象的那么难。只是很多人不明白这个道理。

成功远没有
你想象的那么难

生活中有太多的人，无形中会把困难无限地扩大，不愿为此去努力去拼搏。事实上，成功远没有想象的那么难。只是很多人不明白这个道理。

著名的节目主持人敬一丹在前段时间退休了。

后来，她出现在了杨澜的一档访谈类的节目中。在节目中她第一次打开自己的心门，对自己退休后向往的生活做出了表述。

在访谈中，敬一丹给大家讲了一个故事，是一个被她采访的人的故事，这个故事让她深受感动。她说这位被采访者的生活就是自己十分向往的生活。

这位被采访者是一位退休的阿姨，她是在六十岁的时候离开工作岗位。这位退休的阿姨说，她为自己未来的三十年制订了一个计划，这个计划就是要在未来的三十年里，她要把自己想做却从来没做到过的一百件事全部完成。

敬一丹当时觉得这简直有点空想，三十年后，这位阿姨已经是九十岁的老奶奶了，她的计划还能实现吗？这困难是不是太大了？

然而令人震惊的是，三十年后，那位已经九十岁的阿姨身体依然健朗，并且她制订的所有计划都已一一实现。

敬一丹感慨地说，希望自己能像那位阿姨一样，在退休后继续去完成自己的人生目标。敬一丹还给了大家一些忠告：不要把一些事想象的那么可怕、那么困难，你觉得它很难，只是因为你没有去尝试，一旦开始去做，你就会发现，很多事情并没有你想象的那么难。

对多数人来说六十岁已经老了，然而在这位阿姨眼里，它只是另一种人生的开始。

许多时候只是人们把问题想象得太难了。不自信的人，常常会把困难无限地放大，实际上困住他们的不是困难本身，而是自己的心魔，以致没有好好把握住成功的机会。

这时不由得想起自己在来北京之前，也是这样的状态。之前曾听过许多北漂的人说在北京的生活是多么艰辛、难熬。在去北京的路上，巨大的工作压力、残酷的生活环境等充斥在我的脑海里，一路上我的心都处在忐忑不安的状态。

然而，当我在北京真正开始工作后，慢慢地才发现，现实并非像我想象的那么残酷和艰难。当然，刚到一个陌生的地方，困难在所难免，艰难的时候我也曾住过地下室，也曾为了签订一笔单子在北风凛冽的夜晚而奔走街头……

但是只要心中存有梦想，为了梦想而努力奋斗，你就会发现，那些困难并不可怕。更何况，你是那么渴望成功，而你的渴望又是如此热烈而真挚，只要你真心地努力奋斗过，上天是不会辜负你的。

所以，只要你能勇敢地迈出第一步，成功就没有那么遥不可及！

一位叫马维尔的记者，在1864年，美国南北战争结束后，对总统林肯进行了采访。

记者问道："根据我了解的情况，对于废除黑奴制，其实上两届的总统都尝试过，并且早在他们那个时期《解放黑奴宣言》就已起草，但是他们却没有签署它。我想问下总统先生，他们是否是有意想让您去成就英名，把这一伟业留下来呢？"

总统回答道："可能是吧。但是，我想如果他们知道签署它需要的只是一点儿勇气的话，他们一定会十分后悔自己没有努力去做。"

这次采访是在林肯去帕特森的途中，所以还没等马维尔继续问下去，林肯的马车就继续出发了，所以，对于林肯的回答马维尔一直都有些摸不着头脑。

直到林肯去世五十年后的1914年，在林肯致朋友的一封信中马维尔才找到了答案。林肯在信里，讲述了自己幼年时的一段经历："当时在西雅图父亲有一处农场，农场里有许多的石头。

也正是因为这些石头，老农场主才会以较低的价格把农场卖给了我父亲，有一天，母亲提议把上面的石头搬走。但父亲却说，别看它们只是石头，其实它们就是一座座小山，都是与大山连在一起的，如果能够搬走，老农场主就不会卖给我们了。”

“后来有一天，父亲到城里去买马，我们和母亲在农场劳动。这时母亲又说，我们把这些石头搬走吧！于是我们便开始一块块地挖，它们并不像父亲想象的那样是一座座小山，仅仅只是一些小石块，只要稍微往下挖点，就可以挪动，所以没多久，我们就把它们全部清理干净了。”

在信的末尾林肯说，有些事就是因为他们认为不可能做到，所以才不敢去做。而这许多的不可能，只是人们想象的罢了。

看到这封信的时候，马维尔已有76岁了，也就在这一年，他下定决心要学习外语。据说，1922年，在广州他对孙中山先生进行采访时，就是用流利的汉语与之交谈的。

的确，许多的不可能，来自于人们的想象。这种想象让人们把困难无限地放大，从而阻碍了自己去尝试和努力的脚步。

然而一旦你迈出了第一步，愿意去尝试、去努力时，你一定会发现，其实成功比你想象的要容易得多。

只有不可取代，才能不被替代

联合国教科文组织曾做过这样一项研究，得出“当今的信息通信技术大大加速了人类知识的更新换代速度”这样的结论。在18世纪，每八十到九十年知识才能更新一次；但到19世纪到20世纪初，这个周期就缩短成了三十年；在20世纪六七十年代，知识的更新周期则缩到了五到十年；而到20世纪八九十年代，多数学科的知识更新周期缩短为五年；而到了21世纪，许多学科的知识更新周期已缩短为两到三年；相信随着科技的不断进步，知识更新的周期一定会越来越短。

如此短暂的知识更新的周期怎能不令人惊讶？周期越短就代表你的知识和技能很快就会全面落后。

我们回想一下，现在我们掌握的工作技能是否就是一边工作一边学习得来的？而两三年前的一些技术对现在来说还有多大的作用呢？你所在的行业一拨接一拨的新人不断涌入，他们都拥有着新的技能、新的视野、新的思想，并且可能他们对薪资的要求却并不高。相对来说，我们的工作经验不再那么重要，并随时面临被淘汰的危险。这才是工作上的压力。

一个人能不断地适应各种变化才是他实现自身价值、最不可替代的地方。只有那些积极进取不断努力的人才能不断往上发展。就这样，人与人之间的差距在一天天的努力和改变中被拉开了。一旦出现这种差距，原来的关系就必定会发生改变，不管是思想还是视野上的鸿沟会使彼此间的沟通出现差距，也是因为视野和思想上的不同，使原先看起来牢不可破的朋友圈开始重新分配和组合。

所以，不管是事业，还是友情、爱情，一个人想要不被别人代替，就得努力使自己变得更加强大，使任何人都无法取代自己。

童文红，当今时代职场中人的励志偶像。她在2000年进入阿里巴巴，当时的第一个职位是公司前台，通过坚持不懈的努力她一步步做上了高级副总裁的位置，和其他合伙人相比，童文红的经历最富传奇色彩。

在童文红刚进入阿里的时候，她只是个普通的公司前台。在她进入阿里的一年后，国际站的一个团队邀请她加盟。这一事件在2007年的《中国青年报》中曾报道过。之后又过了几个月，当时就任阿里巴巴集团首席执行官的彭蕾找到了她，希望她能去行政部做主管。

童文红在彭蕾的鼓励下，担任了行政部的主管，从此她的事业一路绿灯飙升至阿里副总裁。在接受一家媒体采访时，童文红评价自己是“又傻又天真，又猛又持久”，并且说这种心态在阿里人人皆有，也包括马云在内。

从公司前台到阿里合伙人，这么大的跳跃对我们来说简直难以想象。从默默无闻，到传奇人物，这里自然少不了良好的机遇，但个人的努力和付出一定是最重要的因素。童文红的传奇是多数人无法效仿的，但从中却可以得到力量。对于日本纪录片《寿司之神》中讲述的另一个励志故事我也很是喜欢。故事的主人公小野二郎已有90高龄，是世界上年纪最大的三星主厨，他可称得上是师傅中的师傅、达人中的达人，他在日本本土有着极高的社会地位，而作为“寿司第一人”，他的美名也享誉全球。在他这一生中，有超过五十五年的时间都花费在做寿司上，所以他对寿司投入的精力和技巧堪称世界一流！小野开的一家名为“数寄屋桥次郎”的寿司店，店内的所有食材都是精挑细选的，从制作到进入消费者口中之前的每个环节都要经过严密的评估和计算。所以，虽然这家小店藏身于东京办公大楼的地下室，但仍连续两年获得米其林的三星评价，甚至有人称这家店是值得用一生去等待的。

他的这种职业精神实在令人佩服，值得我们深思和学习。只能不断地提高自己的专业技能，成为某方面的专家，才能不可取代，也就无法被替代。蔡澜老师就说过：如果你喜欢一个东西，就要花心思不断去研究它，等研究到了一定的程度，自然也就可以靠它来赚钱了。

不可取代说的是自我的价值。想要不被别人所代替就要不断地改造和提高自己。可以给自己设计几个系统的计划，可以是生活技能，可以是专业知识，甚至也可以是社交技巧，例如，计划一下自己这一年要看多少本书。

不论知识更新多么快速，环境怎样变化，只要在工作或生活中一个人的自我改造意识一直持续运作，一直努力去做一个积极向上的人，那么他就不会被别人轻易取代。

你在不断变好、变强的同时，工作和生活自然会回报于你。

远离拖延，轻装上阵去奋斗

拒绝一份诱惑不要拖到明天，因为它有可能成为一种伤害；抓住一次机遇不要拖到明天，因为它有可能一去不返；改变一种行为不要拖到明天，因为它有可能成为一种习惯。

拖延具有毁灭性的力量，它是一种恶习，一个人可能因此会变得一事无成，一无是处，一个企业也可能会因它而走向败落甚至灭亡。

在战场上，两军对战，谁能占得先机，就有可能获得胜利。在战场上你能拖延吗？甚至因几秒钟的拖延都有可能让你丢掉性命，还可能连累自己的战友，所以在战场上时间就是生命。

在职场上，面对一项项富有挑战的工作，你能够拖延吗？因为你的拖延，可能会导致整个公司的运作都受阻，从而丢失最佳的竞争机会，甚至有可能会让公司面临倒闭的危险，所以在职场上时间是生命，也是效益来源。

在商场上，对于客户上千万的订单，很多客户和你一样，挤破了头要去争取，这时你能拖延吗？因为你的拖延，上千万的订单可能就会拱手他人。所以在商场上时间就是金钱。

在考场上，面对试卷上繁杂的题目，你能拖延吗？即便你有状元的水平，你若拖延，答不完题，也无法得到高分。所以，在考场上，时间就是你的前程。

只有不思进取的人才会拖延。可能有人会说，在沮丧、愤怒或者心情不好的时候适当地放一放，拖延一下也许是有好处的。

这种说法我们并不否认它的合理性，但这不能成为我们拖延的借口。事实上，那些在沮丧、愤怒或者心情不好而中断工作的人，事后可能会更后悔：唉，真不该因为自己的心情而浪费这么多的时间。所以真正优秀的人不会随便拖延，即便是拖延也不会为此而随便找借口，在他们眼里，拖延是可耻的，而一个成功者必备的优秀素质就是决不拖延。

美国一家知名企业——埃克森美孚公司，在这家公司几乎每个领导层的办公室里都悬挂着这样一段话："决不拖延！如果我一旦拖延，那会有怎样的结果？如果将工作拖到以后再去做，那又会发生什么？"在这家公司里"决不拖延"是公司员工的重要行为准则。

公司负责人曾解释道："只要我们不拖延，那我们的工作和生活都会变得轻松愉悦。而随时开始行动就是避免拖延的唯一方法，但要做到随时开始行动，首先就必须知道自己的工作的重要性。另外，还要知道，我们拖延的损失只有自己来承担，没有谁会为你承担后果。这样一来，在一个庞大的公司里，我们就努力使每一个员工都摆脱拖延的毛病。”

在工作中拖延是一种很坏的习惯。由于人性的懒惰，总是把今天的事拖到明天，这个月该完成的报表总是拖到下个月，本该这个季度达到的进度非要拖到下个季度，甚至现在该打的电话也要拖一两个小时后再进行，等等。在工作中，如果一直有拖延的习惯，那么工作压力势必会越来越大，心情也会越来越糟糕，因为拖延的人总是感觉非常的疲惫。其实拖延并不能节省时间和精力，恰恰相反，它会使人疲于奔命，心力交瘁。

不逼自己改掉拖延的恶习，人生将不堪重负，只有摆脱拖延，追求高效，才能收获更好的明天。

人要努力，但更要选准方向

每个人都要有自己的人生目标，一个没有人生目标的人，人生很难有大的作为。如果努力的方向不对，结果注定是个悲剧。

在刘易斯·卡罗尔的著作《爱丽丝漫游奇境》就有这样一段对话：

“你能告诉我，我该选择哪条路吗？”

“那要看你想到哪里去？”猫说。

“去哪儿都是无所谓的。”爱丽丝说。

“那选择哪条路也是无所谓了。”猫说。

这个对话看似简单，却耐人寻味。如果一个人没有明确的目标，不知该如何选择的时候，那么，任何人都无法帮到你！

一些人对自己的命运常常抱怨，他们觉得，自己天天辛苦劳作，拼死拼活，累得要死但无法成功，这难道不是命运的不公吗？

我相信，很多人都有过这样的抱怨，你觉得是命运不公平，但你在这样想的时候，有没有问过自己：“真的是世界亏待了自己，对自己不公吗，还是自己只是漫无目的地疲劳奔波，根本没有明确的方向？”

世界上总有一些人整天忙忙碌碌，但却终究一事无成，关键的原因就是他只是在努力，为什么要努力？要达到什么目的？从来没有明确的意识，很多时候只是把时间和精力用在了一些无关紧要的事上，做了很多无用功。他们在对别人的成功羡慕不已的时候，很少去思考自己失败的真正原因。

《西游记》的故事在中国可谓家喻户晓。

西去之路，师徒四人结伴而行，这就是一个小小的团队。在这个团队中，沙僧忠厚敦实、不辞劳苦，把大家的行李一直挑到西天；而八戒看起来好吃懒做，也没有太大本事，但总能帮助大师兄降妖除魔；这里面最厉害的就是孙悟空，他有七十二般变化、腾云驾雾、降妖除魔、冲锋陷阵；而在这四人中最舒服的就数唐僧，一路上不仅有马骑，还让徒弟去化斋，即便妖魔挡道也不用出一分力，自有徒儿们拼死守护。

这么说来，谁才是这个团队中最重要的呢？很多人的答案当然是孙悟空，也有很多人认为最无用的是唐僧，因为他没有主见，还唠唠叨叨、腻腻歪歪。然而真正的答案却恰恰相反！这个团队中，最重要的是唐僧！

很多人便开始疑惑不解，怎么会是唐僧呢？

细细想来，就不难发现，在这四个人中，只有唐僧的前进目标是最明确的，那就是——到西天取经！别看他手无缚鸡之力，然而就是他，在悟空赌气重回花果山、八戒开小差跑回高老庄、沙僧犹豫不决的时候，只有他是毅然决然继续前进，不达目的誓不罢休。在唐僧心里，他清楚地知道，此行去西天的目的就是要取回真经普度众生。因为他明白自己要做什么，为什么要这么做，他明确地知道要怎么做才能完成。

而在三个徒弟中，他们只知道他们的责任就是保护唐僧，对于为什么要去西天他们并不知道，所以只要跟着师傅走就对了。在这个团队中，唐僧就是领路人，如果缺少了，这个团队早就散伙了，那么，也就不可能完成西天取经一事。

由此可见对于一个人、一个团队来说，方向是多么重要。

只有选对了努力的方向，才能有前进的动力，这样才能有成功的希望。想要成功首先要有正确的方向，而正确的方向又是成功的保证。如果方向选错了，或者根本没有方向，即便有再大的本领也无济于事，再多的努力也是徒劳。

有三只动物决定一起进入沙漠寻找生存空间，它们分别是大象、猎豹和骆驼。在进入沙漠前，善良的天使告诉它们，在沙漠里，只要一路向北，就能找到食物和水。

广阔的沙漠地形很复杂，它们在进入不久便迷失了方向，找不到北方。

大象心想，就算没有方向也没关系，我这么强壮，只要一直朝一个方向走就一定能找到食物和水。于是，它便按照自己心里想的北方，一直走着。三天后，大象愣住了，它发现自己回到了出发的地方。没过多久，大象因体力不支而死。

豹子也向着自认为的北方飞奔而去。它想，即便是再大的沙漠，凭我这样快的速度总有一天能出去的。然而，几天后它发现，自己越往前，植被越来越少，最后，连一棵绿色植物也看不到了。不久，它便绝望而死。

骆驼很聪明。它白天基本上不赶路，让自己得到充分的休息。到了晚上，满天的星星一闪一闪的，那颗最亮最耀眼的北斗星很快便被骆驼找到了，它就这样靠着北斗星的指引进前。不久，便来到了水草丰美的绿洲旁。从此，骆驼便在这里过上了丰衣足食的生活。

大象比骆驼强壮，豹子比骆驼快捷，但最终只有骆驼成功了，它成功的关键就在于它找对了前进的方向，所以说选对方向真的很重要。

一些人目光短浅，明明选错了努力的方向，还仍要坚持，不知道调整，结果使自己的一生都碌碌无为。成功的人都有一个共性，那就是无论他们做什么事情，都把目标看清楚后再开始行动，他们会把握自己前进的方向。如果没有明确的目标和方向，一味地蛮干，那和《南辕北辙》故事中的那个愚蠢的人又有什么区别呢?

好多人在匆忙赶路的时候，总会忽略方向的重要性，结果多走了许多冤枉路。只有明确自己的人生目标，确定前进的方向，再加上锲而不舍的努力，才能取得更有效的成功。

忽略生命中那些不重要的事物

我们常说“大丈夫有所为，有所不为”，这句话极具哲理性，说的是要对生命中那些不重要的人或东西学会忽略，小至做事，大至做人；小到经营企业，大到经营国家，皆是如此。

无独有偶，美国著名的哲学家威廉·詹姆斯说：“明智的艺术就是清醒地知道该忽略什么的艺术。”这句话和“大丈夫有所为，有所不为”，有异曲同工之妙。这里想说的是，在生活中，每一个人的时间、精力和生命都非常有限。如果你什么都想做，什么都要事事亲为，那结果可能是自己很累，身边的人会更累，效果也未必好，甚至可能会一事无成。

鲁迅先生曾说：“即便你资质再不好，花十年的工夫去专注做一件事你也将会成为这方面的专家。”如果真有这么一个人，专心致志地做一件事，那就必须要有些有所不为的精神才行。同学叫打麻将，盛情难却，便去了；同事邀请打牌，为了同事关系，去了；朋友请你喝酒，为了面子，又去了。如此这样，可能是维护住了兄弟之间的情谊，但自己要做的事情，别说十年，恐怕二十年也难完成。人的一生又会有多少个二十年呢？若就此不加节制地事无巨细去应付，那么你的人生也会因你的无节制而变得一事无成。

做人如此，企业管理更是如此。

自古至今，伯夷、叔齐等名留青史；韩信以智佐定天下；豫让以义折服世人；诸葛亮以贤开创伟业。这些名人皆有所为，有所不为，伯夷、叔齐因不食周粟，为此付出生命的代价；韩信胯下受辱，付出了尊严的代价；豫让自毁容貌，付出了身残的代价；诸葛亮不接受刘备的禅让，拒绝了帝王的荣位，也正是因为他们的有所不为，才成就了更大的业绩。

海尔集团是最受国人推崇的成功企业，在国外也享有盛名，在它的创业历史和发展过程中，“有所为，有所不为”更是体现得淋漓尽致。例如，砸冰箱事件，海尔集团为了不让次品流入客户手中，宁愿把几十台价值不菲的冰箱全部砸烂，为了保全自己的名誉，这种气魄，又有几个人能做到？各个企业只有做到有所为，有所不为，才能更快地取得成功，才能在竞争中一枝独秀。

1957年松下对大型计算机项目的研究已有五年之久，投资金额达到15亿日元，却突然发布放弃这一计划。消息一经传出，引起了整个日本的震惊，因为松下研究出来的两台样机十分先进，很快就可以在市场上进行推广并开始大规模地生产，很多人对这个决定都难以接受，为此他的部下不停地进行劝说，松下却一直坚持己见。

松下坚持放弃是因为美国大通银行的副总裁在几周前对松下的一次访问，在访问中他谈到了电子计算机这一话题，副总裁听说包括松下在内，在日本目前就有七家生产电子计算机的公司时，不禁吓了一跳。他说："在所有我们银行贷款的客户中，几乎所有的电子计算机制造厂都经营得不怎么顺利，公司效益每况愈下，前景很不乐观。就美国来说，差不多所有公司的计算机项目都在减缩，然而现在日本共有七家，是不是太多了，这种危机感，你们能意识到吗？"

银行副总裁走后，松下进行了认真的思考，最终决定放弃大型电子计算机的项目。因为在接下来的科研、生产以及市场推广方面，这个项目还需要投入近300亿日元，如果不舍得放弃这15亿日元，那将来可能就会损失300亿日元。这个决定促使松下对电器和通信事业的发展更加专注，使之最终成为走向世界的电器王国。

对于企业来说，"有所不为"是非常重要的一个战略工具，这也是公司管理的重要法宝。可以让企业毫无压力，更加理性地进行盈利模式、项目以及制度的选择。

在企业中，"有所为"可以帮助管理者发现什么才是对企业最重要的，如何才能带来最大的利益，而"有所不为"是让经营者如何抓住重点，适时懂得放弃。

学会忽视生命中那些不重要的人或者事物。它是一种成功的智慧。想要有所作为，想要改变自己，那么这种智慧则必不可少。

路途再艰难，也不能磨灭志向

人生如黑夜行船，志向就是行程中最亮的灯塔，有了它，你才能看清前进的道路，不会被卷入无情的旋涡……

有三个砌砖的工人，有人曾问他们："你们在干什么？"第一个人说："砌砖。"第二个人说："赚钱。"第三个人说："为世界建造一所富有特色的房子。"后来第三个人成了著名的建筑设计师。

故事很简短，却很耐人寻味。为什么只有第三个人成了有名的建筑师呢？高尔基有一句名言："一个人追求的目标越高，才力就会发展得越快，对社会越有益。"这个解释对这个故事来说再准确不过了！

第一个工人只知道干活，没有任何理想和志向，第二个工人是为了赚钱，其人生目的是庸俗的，而第三个工人却胸怀远大的抱负，前两个人的才力被他们的思想束缚住了，难以发展，自然不会有什么作为。

“志”是一个人心之所向，《诗大序》称：“在心为志。”“志”作为人生所追求的目标，地位非常重要。立志，可以让一个人从大地上站立起来，从懵懵懂懂中清醒过来，从浑浑噩噩中悔悟过来，从芸芸众生中凸现出来。

每个人的人生都要有目的，都要有清楚的方向。而立志就是一个人的目标和方向，一个人，不管是智慧、情感还是意志都要努力朝着明确的目标和方向前进，才能走向成功。在《大学》中有这样一句话：“知止而后能定，定而后能静，静而后能安，安而后能虑，虑而后能得。”这里面的止，就是生活的目的，人生的至善境界，是一种让人崇高的东西，它体现着一个人的尊严，支撑着一个人的价值。

志向是非常可贵的。一个人如果想要成功，就必须下决定，为自己设定一个远大的志向，并以此为自己前进的动力。只有这样，才能摆脱浑浑噩噩的生活。

人生之路如同攀登高峰，而高峰的最高点便是目标，有它在峰顶闪耀，才不会被半路的奇花异草所诱惑，停止前进的脚步。当然，“一览众山小”的豪迈当属志在高处的人，而“直挂云帆济沧海”的雄壮当属志在四方的人。就像人生在荆棘丛生的野外跋涉，每一步都是那么的艰辛。那些心存大志的人会选择一往无前，明知前路坎坷，荆棘满地，但仍心存希望，勇往直前，然而那些胸无大志者却会因眼前的困苦而退缩。

古往今来，许多成功者之所以能够收获成功多数都是源于他们远大的志向。

作为万世师表的孔子对“理想”有着这样的认识：“三军可夺帅也，匹夫不可夺志也。”他是“十五有志于学”，之后虽四处游说，却处处碰壁，但他依然没有丧失自己的信念。可以想一下：如果没有孔子十五岁立志学习道德学问的远大志向，那对后世有深远影响的儒家经典也可能就不会存在了，更不会惠及后人万万年了。

俗话说得好，“有志者事竟成”，只要我们坚定自己的奋斗目标，并为此目标而锲而不舍地努力，我们的目标总会有实现的一天。

且行且珍惜，做好当下

如果明天有烦恼，即便你今天再担心忧愁也是无济于事的，人生应“且行且珍惜”，因为每一天都有当天的任务，努力过好今天，努力做好今天的事情，一天天积累下去，自然会取得成功。如果总在为明天忧愁、为未来担忧，那你的一生都将是痛苦的，这是一种杞人忧天、是一种作茧自缚。

《圣经》中有一句饱含智慧的话：“不要烦恼明天的事，因为你还有今天的事要烦恼。”这句话很简单，但要做起来却很难。

在一座寺庙里，每天早晨都有个小和尚负责打扫院里的落叶。在清冷的早晨做这件事是一件苦差事，尤其到了秋冬时，大风呼啸，就更难打扫。

每天早上小和尚都要用很长的时间才能把这些落叶打扫干净，反反复复地扫，却劳而无功，这让小和尚感到很头疼。他总在寻思有没有好方法能让自己每天的工作轻松点呢？

后来另外一个和尚告诉他：“你明天打扫前先把树用力摇一摇，这样那些快要掉落的树叶都会掉落下来，这样一来，你后天打扫的时候就可以轻松不少了。”小和尚听了之后，觉得这方法真不错，于是在第二天他一大早就起来了，用力地猛摇树，认为这样就可以把明天的落叶也打扫干净了。这一天小和尚都在为自己的聪明而高兴不已。

第二天醒来，小和尚来到院里，他被眼前的景象惊呆了，满院仍是和之前一样都是落叶。

看到愁眉不展的小和尚，老和尚走了过来，语重心长地说：“傻孩子，今天不论你如何努力，也不可能把明天的落叶打扫干净啊！”

听了老和尚的话小和尚终于明白，人生在世很多事是都无法提前做的，最真实的人生态度就是要活在当下，努力做好今天的事。

哈里伯顿曾说：“在上床休息的时候如果你还带着忧愁，那就好比背着包袱睡觉。”因为明天的事而让今天陷入痛苦和忧愁，这是愚蠢和得不偿失的。

不要天天为没有发生的事情担忧，为明天想得太多，人就会变得意志消沉、情绪低落、痛苦，这样就会把许多本该属于我们的快乐丢失掉。

有一种土灰色的沙鼠生活在撒哈拉大沙漠中。在旱季到来之前，这种沙鼠为了度过这段艰难的日子，就会提前做准备，囤积大量的草根。所以，在整个旱季到来之前，所有的沙鼠都会十分繁忙，每天出入自家洞口的次数简直不计其数，它们的辛苦程度让人叹服。

但是即便沙鼠已经储存了足够的草根，它们仍然拼命地工作，这一现象让人感到很是奇怪，好像它们只有不断地将草根运入自己的洞中，才能让自己安心，否则便焦躁不安。

事实上，这些沙鼠根本没必要让自己这样劳累和焦虑。研究发现，沙鼠的这种现象是由它们一代又一代的遗传基因所决定的，这是一种出于本能的担心。所以，沙鼠做的这些事基本上都是多余的，没有一点意义。

我们决不能像愚蠢的沙鼠那样，总是在担心一些不必要的事。所以，为什么要把明天的烦恼放在今天呢？努力把今天的事做好，就是为明天打下最好的基础。

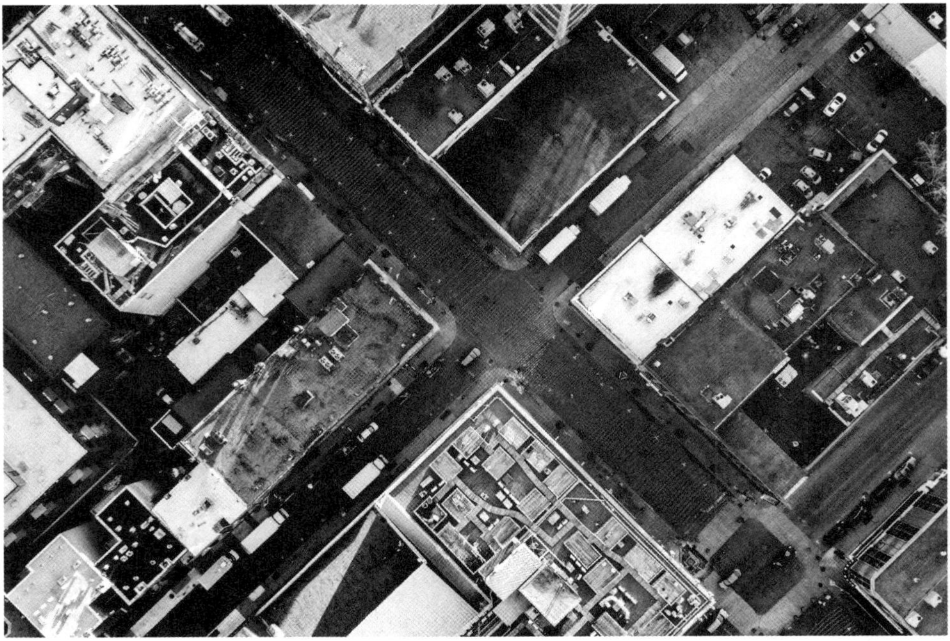

//

只愿此时的星光，能长久地陪你走下去，直到你懂得对一路上的风雨心存感恩，对一路上的喜怒哀乐心存感恩，也正是由于这些不同的经历，才成就了今天不一样的你。

不忘初心，方得始终

曾经有人问我，当我们逐渐老去，僵硬且疲乏的双手捉不住消逝的云彩，北风呼啸而来，在喧闹如潮水的城市之中踮着脚尖跳跃着生活，再也不能靠追梦来吃饭的时候，我们应当何去何从？

是啊，我们应当何去何从？

许许多多的人拼命地质问这个问题，然后逼迫自己放弃从前那个想要坚持到底的自己。

我哑然失笑。难道，不追梦的你，就是你想成为的自己吗？世界上从来没有迫不得已，只有愿不愿意。

前段时间在微博上，兴起这样一个热门话题："一个女孩子那么拼到底是为了什么。"文章下面的评论不计其数，每个都很励志又让人感慨万千，但在这众多的评论中我看到这样一句话，特别认同和有感触：不会因为你是女生，生活就对你怜香惜玉。

是的，不论男女老少，贫穷富贵，世界对谁都是公平的，每个人都有权利来为自己而努力，不要指望谁会可怜谁。虽然无法遏制那些通过不法手段而谋取利益的小人，但在人生价值这个大前提下，世界永远是个公正无私的法官。

后来我将这个话题转发到了朋友圈，收到了这样一条评论：不忘初心，方得始终。从小我就有个梦想，开一家糖果铺子，这样一来每天都有糖果可以吃。时至今日，感觉只有经过自己的努力而得到的东西才能让自己感到踏实。

这个评论者是个女孩，她是个室内设计师，住在大兴安岭。她的精神境界时常大俗大雅。后来我们两人成了朋友，我就是请她为我设计的新房，她的设计非常有格调，清新又不失热情。这个姑娘可谓文武全才，既能画出文艺范的画稿，又能提得了那刺鼻的油漆桶，同样也能把大把的金钱花费在吃和玩上，当然，她所消费的每一分钱都是自己靠努力挣来的。

其实这姑娘从小就特别辛苦，自幼父母离异，而她却被双亲抛弃，自小跟着外婆长大，生活艰难困苦，开始上学后她便开始自己挣钱。她有着东北人豪爽的性格，不喜欢依赖别人，更不会选择靠相貌来换取“坐在宝马车里哭”的生活。如今，她终于靠自己做设计师挣的钱开了三家自己的糖果铺子。现在她终于能够有底气地说：“如果你给别人的和给我的是一样的，那么我就没有要的必要了。”

有可能成功的叫梦想，没有可能成功的就叫白日梦。

人生在于努力，而坚持作为调味剂，就是对原则和生活的态度。

上大学时，我所在的理工大学向来是“狼多肉少”，这么说就是因为男生多而女生太少，在这样的情况下，带有浓浓书生气的肖洋便成了众多男生中的宝。

能够想起她，就是因为她就是心怀大爱的代表人物。在那懵懂的青春时代，肖洋追求的不是梦，而是原则，是生活态度。

肖洋学的是新闻，“爱生活、爱文字”这样的话她时常挂在嘴边，不过对她自己的专业的确是出于由衷的热爱。

金鸡湖是苏州一著名风景区，在它的旁边有一个月光码头，它是清新风格的代表景点。我记得，肖洋就喜欢在风起云涌的天气里去那儿吹吹风，再把那里的美丽风光用照片记录下来，之后便坐在长椅上在自己的笔记本上认真地写着，写完后，她会把它再配上几张照片发到自己的博客里，一副灵气逼人的样子。

但我清楚，其实肖洋还有点傻，任何人对她说的话她都会相信，她就是个典型的“傻白甜”。

她合上笔记本，将眼镜向上扶了扶，一本正经地说：“才不是呢，我只相信那些我看起来认为善良的人。”

我开始反驳她：“戴上美瞳，谁都有闪亮双眸。”

在大学生活刚开始的时候，在宿舍楼里经常会有一些不法分子进行诈骗活动，当时如果不是肖洋的室友死活拉着她，或许她的学费钱就一次又一次地一去不复还了。

经过那次的事件后，我以为肖洋会长点记性，不再轻易相信别人了，可她依旧我行我素。朋友们知道劝说已没有多大作用，只得尽力保护她，以防止那些负能量污染了她那美好纯洁的心灵。

然而谁又能帮她一辈子呢？社会总有两面，不是黑就是白，这一切都源于人的心灵。既有人心至善，也就有人心叵测。而肖洋是唯一一个我见过最执着坚持善良的人，所以我也担心她迟早会为她的善良埋单。

但事实却与我所想的截然相反，在大一下学期，一条误入校园而遭到殴打的流浪狗被肖洋发现了。此时它已奄奄一息，伸着舌头，勉强喘着粗气，黝黑的皮毛凌乱极了，很明显已经很久没梳理过。路过的男生们瞥了一眼便匆匆离开，而瘦小的肖洋却独自跑过去抱起它向宠物医院飞奔而去，为狗狗的治疗花去了她差不多半个月的生活费。后来那狗成了宿舍里的“小骑士”。

那时，我感觉从肖洋身上散发着善良的光芒，让我慢慢理解了善良的重要。

有些人总是认为“社会是一场乌合之众的聚集地”，这些人看似精明，看透人生百态，按理说，这些人应该活得更加通透和豁达，而我看到的却是这个群体里不少人活得很累、很压抑，他们看似很懂得保护自己，为自己谋利益，但他们仍是天天愁眉不展、一副厌世的态度。相反纯真善良的肖洋却天天洋溢着灿烂的笑容。

肖洋的善良是我亲眼所见，而我也希望能和她一样，慢慢地正能量光芒四射。

在整日闷在家中写书的日子里，看书评就是我最大的乐趣，对每句话仔细斟酌，难怪有人会说：当你透过文字看作者的时候，这时作者也正在看你。

作为一个毫无知名度的作者，却能有着一小群喜欢自己的粉丝，这对我来说实在是莫大的荣幸。

然而，不论我怎样努力，好像都不能对症下药，在文字的世界里我仍像是一只无头苍蝇似的四处碰壁，活得又糟糕又累。时常会有人发出质疑的声音，而我自己也会时常问自己：我现在选择的文字之路是否真的适合我，而我又是否能够坚持下去呢？

我好像站在山顶上大声呼喊，而回应我的只是迎面的山风，山风中夹杂着我的回声，恍惚间我好像听到了自己的心声：不忘初心，方得始终！

然而在这个喧闹的城市，不食人间烟火的日子太不切合实际，我们之间隔着千山万水，好似一不留神就会掉下悬崖，成为人生吃饱喝足后吐出的残渣。

在很长的一段时间里，父母都在劝我重回医生的行业，放弃眼前的文字工作。

然而，对当初稚嫩的自己和那时的豪言壮语与义无反顾都历历在目，我始终没有忘记当初那个怀抱青春梦想、不忘初心的自己啊。

那时，总编刚好缺人手，我便抓住了这个机会，经常主动去做一些琐碎的事，每天早上五点起床，晚上十二点多才睡觉，过着枯燥的两点一线的生活。不管到哪我都是独自一人，常常也会累到哭的地步。

后来，为了能安静地写稿，我特意找了一间地下室，里面的陈设极其简单：一张床，一张桌子，一盏裸露出半截电线的灯，如此而已，还有除了书，那就是稿纸。到了梅雨季节，潮湿的地下室会使时间久些的稿纸都发霉，就连被褥都是湿漉漉的。

每晚夜深人静之时，想到那少得可怜的薪水，一个七尺男儿竟然养活不了自己，想起这些，禁不住失声痛哭，但哭完后，擦干眼泪，再继续写。

就是由于少年时那似乎不合实际的情怀，造就了这种毫无理由想要坚持的心情。初心没忘，又怎能忍心主动抛弃它？这种不舍抛弃的情怀可以化作难以想象的巨大力量，足以克服所有的困难。

我甚至感觉，身体就像是一根竹笋，虽然遭到一次次无情地劈开，却总能重新生长发芽，长成翠绿的竹子，并且一直都在持续向上生长，使微风吹送着竹叶的清香。

在不断的学习和努力中，慢慢地剖开了玉石外的糙石，里面的玉石光泽已若隐若现。我整个人都开始兴奋起来，精神也越来越饱满。

有时候，努力并不是人们唯一需要的，正确的态度和坚持不懈的精神缺一不可。当历尽种种磨难，磨平了身上的棱角之后，我们仍可以更加努力、更加坚持，适时调整自己的心态，沿着追求的道路奋勇前进。

世界上有一种力量，叫不忘初心，它会让你我必得始终。不经一番寒彻骨，哪得梅花扑鼻香，只有经过自己的摸爬滚打，成功总会来光顾我们的。

苦难是生活给予的特别礼物

台湾著名作家刘墉曾说，每一个年轻人，他在走向辉煌之前，都要经历一段“潜水艇”一般的生活，先短暂隐形，饱受风浪的摧残，忍受寂寞的磨砺，并在这个起起伏伏的过程中找准目标，积蓄能量，日后方能无所畏惧并成功地“浮出水面”，成为人生的赢家。

很多年前，有一个养蚌人，他一心要培育一颗世界上最完美、最润泽的珍珠。他每天早晨都会去沙滩上挑选几颗前一天晚上被海浪冲上岸来的沙砾，挨个儿问那些沙砾，是否愿意成为全世界最美丽的珍珠，但那些沙砾总会摇摇头，拒绝他。日复一日，年复一年，养蚌人快要绝望的时候，终于有一颗沙砾答应了他的要求。

一旁的沙砾都笑话养蚌人和那颗沙砾，说它实在是太傻了，居然愿意住进蚌壳里，在暗不见光的深海里等待那么多年，不仅要阔别故土和亲友，还不能享受大自然的阳光雨露、清风皓月。在缺少空气的蚌壳里，它只能日复一日地与阴暗潮湿做伴，还要饱受蚌壳的磨砺，这简直就是精神与肉体的双重折磨。

然而，这颗沙砾没有听伙伴们的劝告，它还是“傻傻”地跟随着养蚌人走了。

这颗粗粝的沙砾躺在深海处的蚌壳里，冰冷的海水将它浸透，难耐的寂寞将它包围，巨大的疼痛将它的棱角磨平。它期待着，重见天日的那一刻要以全新的自我来拥抱这个光明的世界。

几年过去了，养蚌人将蚌壳从深海里打捞出来，轻轻撬开，珍珠温润而迷人的光泽让在场每一个人都深深为之动容。你看！曾经那颗丑丑的、奇形怪状的沙砾饱经磨难，如今已被打磨成了一颗璀璨明亮的珍珠。

人生，本就是一场修行，当你跋山涉水，当你披荆斩棘，当你行过很多很多的路，当你遇见过很多很多的人，当你饱受生活的摔打，要记住，所有的苦难都不过是生活对你的考验，是人生颁发给你的勋章。成功者与失败者的区别并不关乎天赋与机遇，而在于攀上人生巅峰的那一小部分人总会多一点点对苦难的忍耐与从容。因为他们深知，黑暗终会结束，那只不过是黎明到来前的序曲。

据说，曾有两个人向酒神祈求酿酒的诀窍，酒神将窍门授予了他们：精挑细选五月初五端午那日结出来的谷粒中颗粒饱满的那些，与雪山之初融的清冽泉水混合调制，再注入价值连城的紫砂陶瓷之中，当初夏的池塘里小荷才露尖尖角之际，随着第一缕阳光照射大地，将陶瓷紧紧封闭九九八十一天。每日早中晚要怀抱陶瓷罐，以人体最适宜的温度来给陶瓷罐加温，以便罐子里的酒能在最合适的温度下发酵。第八十二天清晨，当听到第三遍鸡鸣的时候，就可以开启罐子，品尝全世界最甘醇的佳酿了。

二人耗尽心力，历尽千辛万苦，克服了许多难以想象的困难，才将酿造佳酿所需要的材料全部准备好了。他们按照酒神的吩咐，将酿酒的材料充分调和，然后密封在了陶瓷罐里，每日早中晚都去紧紧抱着静静立在屋子一角的陶瓷罐子，满心雀跃等待一汪清水酿成醇香。

终于，熬到了第八十一天。两人彻夜难眠，等待着鸡鸣的那一刻。那日早晨，他们要最后一次给佳酿“加温”。这罐初夏时密封起来的佳酿经历了仲夏与初秋，九九八十一日后，现在已值深秋时节。翌日一早，两人照旧脱下了上衣，打着寒战抱住了角落里各自的酒罐。深秋的清晨，罐子上还结着白白的一层霜，搂入怀中，冻得两人只打哆嗦。为了尝到世界上最诱人的佳酿，他们已经受了许多时日的皮肉之苦。

这时，天边已经隐隐发亮，第一声鸡鸣远远地传来了。二人光着上身，已经开始不停地打喷嚏。又过了很久很久，才依稀听见第二遍鸡鸣，究竟何时才能听到第三遍呢？这种迫切的心情就如同在平静的心绪里放了一把火，其中一人再也忍耐不住这种严寒，一把掀开了陶瓷罐的盖子，捧起陶瓷罐，大大地喝了一口。

令人惊讶的是，陶瓷罐里根本没有绝世的佳酿，有的只是一汪又苦又涩又酸的浑水。他懊恼极了，失望地将罐子砸在了地上，有些酸臭味的浑水洒了一地。他经受了这么长时间的等待和痛苦，却换来了这样一个结局，他感到整个世界都在看他的笑话。而另一个人，他并没有被同伴的行为影响到，虽然他也寒冷难耐，而且很想知道酒到底酿成了没有，但他抱着坚定的决心，一定要遵循酒神的吩咐，坚持到最后一刻。终于，第三遍鸡鸣响彻天际，他轻轻地放下了怀中的陶瓷罐，开启了罐子，一阵沁人心脾的酒香迎面扑来，这清澈的佳酿是如此甘甜芬芳。

苦痛，是人生当中一片无边无垠的沙漠，那里遍布着怀疑、绝望和胆怯。然而，只要你抱着必胜的信念往前走，总一天，会在峰回路转处看到那一汪等候多时的甘泉，那就是苦难给你的最好的回报。

TWO

有梦想的人生，才能无所畏惧

也许只有在漂泊的过程中，你才能知道自己想要的到底是什么，慢慢地对自己乃至这个世界有了深刻的了解，如果你一直停滞不前，又怎会知道远处的风景是多么的美好。

让梦想之花 始终开放

也许只有在漂泊的过程中，你才能知道自己想要的到底是什么，慢慢地对自己乃至这个世界有了深刻的了解，如果你一直停滞不前，又怎会知道远处的风景是多么的美好。

凌晨1点，我正沉醉在睡梦中，却被突然响起的手机铃声惊醒，接通电话，才知道是我小时候最好的玩伴张旭打来的。

而这时，他就在北京火车站旁边的一家小旅馆里。

“坐了二十多个小时的火车，现在刚出站，真是累死了，但我却很高兴，所以这么晚了还给你打电话。”他的声音充满了风尘仆仆，但也无法遮掩出他的兴奋。

我从电话中了解到，他这次来北京并不是去旅游，而是要去闯一闯。其实他在广州已经摸爬滚打了十多年，可想来北京就来了，我知道，他就是这么雷厉风行的性格。

我和张旭是一个镇上的，还是同班同学。但那时他经常逃课，心思都没用在学习上，在初中三年级的时候，他再也不愿去学校了，父母强逼他也不行，最终只得退学。当我还在为考试而惴惴不安的时候，却听说他独自一人去广州打工了，后来还听说他和别人合伙做起了服装批发的生意，后来听说他的合伙人把他多年的积蓄全骗光了……

一见到张旭，我就把这些道听途说的传言一一向他求证。他先是沉默了一会儿，之后便一一承认，他说自己的确过过一段特别艰难的日子。

他说，自己最难的时候，连住的地方都没有，只能睡在地下通道里，在那里还睡了好多天。那时，他也想过回家，却连回家的路费都没有。这样的艰辛，是我们这些从来没为吃喝愁过的人所无法体会的。

“那后来你怎么不回家呢？在家肯定比这舒服多了。”我不禁问道。

“就这样让我回家，我实在是不甘心啊。”他淡淡地说。

一个人会很容易因为别人的说辞而改变自己前进的方向，会很容易被残酷的现实环境而磨灭掉信心和希望。太多的人还没达到生活的高潮，就已草草结束；同样也有太多的人的梦想还没绽放，就已枯萎。一个人的天赋会被环境而扼杀，而一个人的希望更能因它而湮灭。

世界是善良的，它会赞美大德者，也会欣赏大美者。它可以回馈勤者，也可以资助弱者。

对于漂泊者来说，恶劣的居住环境、简陋的衣食，并不是他们无法面对的，他们真正无法面对的是那种不被人认可的孤独感和那个难以抵御寒冷的单薄的自己。这种非正常的生活状态把大多数人打击得体无完肤，所以在他们还没开始挑战的时候就已放弃了。

很多人都想不通：为什么可以拥有安逸的生活，而那些漂泊的人却非要在陌生的环境里独自一人折磨自己呢？

为什么他们非要去外面的世界闯一闯，而把亲人、朋友的挽留和心愿置之不理呢？

那些在外漂泊的人到底在坚持什么他们根本不懂，更多的时候他们想等着看他们失败灰溜溜地回家，成为所有人的笑柄。

但他们根本不知道这些人见到过多么美丽的风景，面对外面的世界时，有着怎样的宏图大志。如果你也看见过这么多美好，你还会轻易放弃吗？

而在这些人看来这些梦想就是他们心中的世外桃源，是他们生活的一部分。一旦没了梦想，他们就失去了前进的动力，而我的好友张旭只不过是这大多数漂泊者中的一员而已。

我相信，通过努力他一定会变成自己期待的样子。而他也一定会实现他的梦想，从而赢得大家的喝彩。

我知道，梦想才是推动一个人努力前进的坚强动力。它能够让一无所有的人得到慰藉，让陷入困境的人重燃希望之火，让穷困潦倒的人不放弃生的希望，也可以让疲惫不堪的人继续前进，奔向希望之光。

也许，只有在漂泊的过程中，你才能知道自己想要的到底是什么，慢慢地对自己乃至这个世界才会有所理解。

很多人问我，当了这么多年的北漂，肯定吃了不少苦吧？

其实我想说，我一点也不觉得苦。

当你为生存、工作而忙碌的时候，当你忙着同生活作斗争，为梦想打基础，为解决各种各样的问题时，你哪里还有时间问自己苦不苦？这时你满脑子除了工作就是生活，哪还有心思去感受苦不苦？而当你小有成绩时，你唯一能感受到的就是太好了！又怎会觉得苦呢？

怀揣梦想的人的人生是由“不苦”和“乐”来定义的。而只有那些没有梦想、无所事事的人才会感受到人生的苦，因为他能体验到的感觉就那么少，格局就那么大，而“苦”和“不苦”就是他的人生的定义。

对于那些在外漂泊、追求梦想的人来说，面对同样的问题，呈现出来的视觉是不一样的，是多维度的；对于相同环境的感受也会不同。漂泊归来的人，对于现实的一切真心接受并乐于享受，而很多人对于平淡无奇的生活会因为别无选择而不得不忍受；漂泊归来的人，不管处在怎样的环境下都能以高标准要求自我，因为他们明白，实现梦想的方法是多样的，实现的地点也不尽相同——唯一相同的是做什么，怎么做，而其他人却在毫无竞争和进取的环境中得过且过，安于现状。

虽然这个世界有时残酷，有时温柔，有时让人心生绝望，有时又会给人带来一丝希望，只要梦想还在，梦想之花始终都会开放。一直持有这样的心态，在残酷的世界里，你便可以活得精彩。

看，有些人始终在漂泊，或许这种漂泊还将继续下去，但我却知道，他们不是一些随波逐流的人，他们只是在过自己想要的生活。

世界上所有的伟大都是“熬”出来的

人常说，人生不如意者十之八九，每个人的生命都要经历无数的沟沟坎坎，品尝无数次艰辛与劳苦，遭遇数不清的挫折与失败。因为痛苦既是成长的过程，也是人生必须面对的经验。在艰难困苦的时光中，挺直脊梁走过来的人，才会迎来柳暗花明的岁月；那些被困难击垮的，人生也会让你积累经验教训。总之，无论遇到什么样的境况，都无须惊恐沮丧。

因为人生旅途是漫长的，经历苦难和挫折并不可怕，烈火炼出精金，钻石需要打磨切割才更加熠熠生光，只要心中信念坚定，理想之花不凋零，人生就是精彩丰富的。

一家知名广告公司的文案部招聘，招来了一个高高瘦瘦的小伙子，部门经理看他的履历表，大学毕业一年之内换了五份工作，其间还有三个月无业。经理对员工向来严格，本来不想让这年轻人来公司工作，但因为是朋友的亲戚，碍于面子，就暂时让他过来磨炼一下，并指派一位有经验的老员工做他的直属上司，悉心培养他。

经理原本以为小伙子至少能坚持三个月，没想到，还不到一周，他就开始抱怨，而且打算辞职不干了！

经理十分纳闷，问他到底怎么回事，小伙子满心委屈和牢骚，说他的上司整天指派他做报表，做幻灯片，做这做那，都跟文案的工作无关。稍微有一点差错，或者报表晚交了一天，就会当着同事的面批评他，让他很没面子，下不来台。

“没法干下去了，我到哪儿不能找到一份工作，何苦在这里受气！”小伙子满肚子怒火，向经理抱怨上司变态，同事苛刻，工作环境不好，无法施展才华。

经理二话不说，立刻批准他辞职。留着这样的员工不仅无用，而且还浪费人力资源，公司花费心思培养他，反倒招来他的怨言。作为公司的总经理，要为整个公司负责，何必让一个这样的人影响大家的工作心情？

如今在社会上，有很多像这样的年轻人。他们常年待在学校的象牙塔里，习惯了舒适安逸，习惯了众星捧月，习惯了我行我素，初入社会，立刻对社会竞争的残酷和压力产生抵触情绪，而且时常无所适从，心生怨愤。

二十多岁是年轻稚嫩的时光，年轻人总是相信：美好的生活都在别处。因而面对眼前的现实生活，总有这样那样的不满和抱怨。他们轻易地放弃一份工作，放手一段爱情，舍弃一个朋友，是因为他们认为，这些眼前的东西都不适合自己，一定有个“别处的完美”正等待着自己。

但是，这世上不存在传说中的“别处”，所有你认为美丽的风景，在背后也有很多你所看不到的荆棘和艰难。如果不脚踏实地在一个地方扎根，或许永远都没机会遇到那个“完美”。年轻人总要在不断经历磨炼中变得成熟，知道做好当下的事情，就是给选择完美创造机会。

那么，如何让自己成长？简单的一个字，就是“熬”。冯仑说，世上所有的伟大都是熬出来的。熬不是消极怠工，而是要勇于承受普通人无法承受的委屈，没有安慰和鼓励，你要挺得住，没有肩膀可以依靠，你要靠你自己。在遭遇患难时，学会正面思考，被人误解时，学会宽容微笑。

生活虽然给你带来苦涩的滋味，但不至于让你绝望，人一辈子的艰辛与苦难，都在你的承受范围以内。

我想对那些初入社会的年轻人说：认真工作吧。工作是一切虚幻感觉中最贴近现实的选择。工作可以让一个人成长，懂得如何为人处世，学会处理包括情感在内的一切难题。当你穿着拖鞋短裤来上班，当所有人都努力工作，你却熬夜看球，上班时间趴在桌子上睡觉，那就不要羡慕别人有房有车，不要抱怨社会不公，不要哀叹自己一无所有。

二十多岁的贫穷，是一件理直气壮的事情，因为几乎人人都是这样过来的。但二十多岁的懒散和傲慢却是不可原谅的，学不会游泳，就怪游泳池不好；不会做事，就怪工作无聊，这样的人，一味地任性，随着时间流逝，只会变得越来越脆弱，不堪一击。

四季不可能只有春天，而因为月有阴晴圆缺，才会拥有无限的风情。不要幻想人生无比圆满，尝过痛苦的滋味，才能体味到幸福的美好和可贵。坎坷艰难的存在，能激发向上的力量，让意志变得更加坚强。年轻的时候输得起，不怕栽跟头，不放弃自己，踏踏实实地去努力。总有一天你会发现，你经历的所有坎坷，将成为未来道路的垫脚石。

远离惯性中的“舒适区”

心理学家经过研究发现，人们喜欢在一个相对舒适的环境中生活工作，当环境和生活模式不改变，人的行为趋于稳定，就会产生一种心理安全的状态。这就是舒适区，相较于挑战来说，人们更喜欢一切不变，或者遵循一定的生活轨道，能够躲避风险，预料到未来，这样的“舒适区”令人趋之若鹜。

我有一位朋友，他教育孩子的方法非常独特，就是从来不表扬，也从来不责备，如果孩子做事不妥当，他就谨慎阻止。他的儿子今年7岁，非常喜欢绘画，而且画得像模像样，当有人表扬夸赞孩子的时候，他就出面打断别人的溢美之词，然后悄声告诉大家：“不要夸孩子，让他自己做喜欢的事情。”

他的举动令很多人都感到诧异，我对此也不理解，忍不住问他：“孩子不是应该多夸奖表扬吗？这样才能培养他的自信心吧。”

他摇摇头，说道："一个人树立自信心，不是靠别人夸出来的。如果孩子经常听夸奖的话，就会越来越舒服。一旦形成了习惯，就陷入舒适区难以自拔。等他长大后遇到挫折失败，不但在情绪上抵触，生出抱怨，而且会对自己失望。"

朋友告诉我，当一个孩子来到世界上，他用懵懂的意识接触与自己有关的一切。这个时候如果一味盲目夸奖，给他灌输"你最强""你最棒"的思想，就会让孩子的内心产生一种虚假的自负和骄傲。而事实上，孩子的内心往往比较脆弱，在成长的过程中，会不断地遭受挑战。这种虚无的自负很难经得起现实的打击，一旦环境发生改变，他所习惯的舒适区会猛然崩塌，他会发现自己陷入了一个残酷陌生的冰冷世界。有的孩子无法适应和调整心态，情绪就会出现问题。

我又反问朋友，如果不表扬的话，怎么让孩子在寻求自我的过程中，不断地肯定自己？

朋友笑笑说："让他想干什么就干什么，不停地尝试新东西，只要不伤到自己，不妨碍到别人。如果周围的人都以正常的态度对待他，时间长了，他就能了解真实的环境，了解其他人，也了解自己擅长什么、不擅长什么。"

朋友这样一说，我才恍然大悟。他坚持不夸奖、不指责孩子的态度，归根到底，是为了避免给孩子进行自我认定，造成先入为主的习惯性思维。不让孩子过早地认定"我很棒，人人都喜欢我”或者“我很糟糕，他们都讨厌我”，心底产生一种惯性的“舒适区”，长大之后很难适应社会，进行自我改变。

的确，我们每天按照常态生活、工作、交际，始终保持不变的节奏感，就是为了寻求一种心理安全。我们渴求舒适，谁也不愿意遭遇未知的风险。所以，当我们面对突如其来的挑衅，或是不可掌控的工作调动，就会产生极大的情绪变化，甚至会偏执、焦虑、烦躁、沮丧、一蹶不振。

舒适区让人类的创造力和想象力遭受禁锢，我们如果常年待在舒适区，就如同温水煮青蛙一般，逐渐丧失了改变生活的勇气和魄力。船停靠在港湾可能是安全的，但那不是船存在的意义，时间一久，停在港湾的船会生锈朽坏，再也无法远航。因而，舒适区并不是指身心的和谐与愉悦，而是意味着缺乏精神追求和变化，生活态度保守，逃避拓展自身的境界和格局。这种惯性心态，也是墨守成规的心理定式。

有的人为了满足心理上的苟且偷安，宁可身体上遭受磨难，也不愿意有一点改变。一位派出所的民警曾经说过这样一件事：一名家庭妇女屡遭家暴，丈夫脾气暴躁，时常无理取闹，对妻子拳脚相加，打得鲜血淋漓，甚至威胁到性命。有一天妻子忍无可忍，去派出所报了案，民警搜集到证据，依法对她的丈夫进行刑事拘留。没想到过了一天之后，妻子去派出所要求民警放人，但她的丈夫因涉案严重，已经触犯了刑法条例，不能进行民事调解。妻子的要求遭到派出所拒绝后，她每天带着家属上门大闹，甚至辱骂民警，最终也受到治安处罚。

从这个事例来看，这位妻子常年遭受家庭暴力，身体多处有严重伤痕，自己不可能不知道肉体上的痛苦。但家暴的苦难已经成为一种常态，可能已经内化为她的“舒适区”，只要发生任何改变，都会让她感到担心，惶恐不安，宁可回到原来的悲惨境地，甚至不惜充当家暴者的帮凶，也不肯接受法律的援助，不愿意将施暴的丈夫绳之以法。

所以，“舒适区”的真相不一定是真的舒适，在很大程度上，所谓的“舒适区”，其实是阻碍我们追求美好生活的一种桎梏。游泳的人都有这样的体验：当你换好泳装，坐在泳池边，把脚伸进冰凉的池水里，这时候的感受是让人很不愉快的。因为温暖肌肤被一种不“舒适”的感觉打破平衡，让你浑身忍不住打一个寒噤，恨不得马上放弃，扭身穿衣离开。这是人类面对突如其来的变化所产生的自然反应，一旦有某种外界环境让人脱离“舒适区”，它就会带来身体和情感上的不适应，从而引发一系列的心理失衡。这种失衡的情绪会让人感受到危险和威胁，就算有一丁点儿动静，都可能产生巨大的惊恐感。

但是，退一步想想，游泳池的水温真的让人不堪忍受吗？我们游泳的目的不是为了让我们的身体更加健康？这一点点的冰凉难道不能克服吗？当我们在理性上清楚了这些，就不会退缩。重新回到游泳池边，做一个大大的深呼吸，戴上鼻塞，咬牙憋气，两腿用力，一跃而下。当冰凉的池水覆盖全身皮肤的时候，身体的血液循环加快，产生足够的热量抵御寒冷，不适感很快就消退，你会感觉池水好像渐渐温暖起来。于是，你可以尽情舒展泳姿，在池中自在畅游。

在苦难中打磨自己，才能化茧成蝶

志向高远的人，一生的追求在于朝着理想和目标行进，不管境况如何艰难，都会让自己坦然面对，一时的挫折和失意都无法阻止他们的步伐，他们甚至会将生命中一切的不如意转化为能量，从而挖掘更多的潜力和创造力。

台湾文坛著名作家李敖，一生的经历充满传奇色彩。他年轻时靠写文章编杂志为生，他的文笔辛辣犀利，针砭时弊，纵横文坛多年。但他人生中遭遇的曲折和坎坷也比普通人更多，年幼时家中十分贫困，父亲去世早，母亲靠着给人当仆佣养活六个子女。与李敖相恋的女友因家人的反对，被迫跟他分手，远赴美国定居，只给他留下一个私生女。李敖是家中的长子，不仅要赡养母亲，还要照顾弟妹和自己的女儿，他身上负担的巨大压力可想而知。在他入狱坐牢的时候，每次一想到年迈的老母亲带着幼小的孩子艰难度日，心中都如刀割一般痛苦难过。

但是，面对残酷的环境和挫折，他有一套独特的人生哲学：“凡夫俗子遇到祸事，立刻就做出一些让自己苦恼的反应，于是祸上加祸，自然祸就双至了。我遇到祸事，第一就告诉自己：‘我决心不被它打倒，相反我要笑着面对它。’这样一来，我就先比别人少了至少一祸。绝不配合祸，这还不够，我还要把祸本身给‘值回票价’，这才满意。”

李敖所说的“值回票价”，如同《史记·管仲列传》中司马迁评论管仲“善因祸而为福，转败而为功”，这是一切成功者应该具备的本领。化祸为福，将失败转为成功，将不如意变作对自己有利的事情。这种调整能力对一个人来说，是极为重要的。要知道“人生不如意事，常十之八九”，如果面对不如意的事，总是唉声叹气，失望抱怨，人生就会萎靡不振，无法重新站立起来。

有一个小故事说，两个人结伴外出旅游，返程的路上钱包被偷，身上没剩一分钱。其中一人既生气又不甘心，一路抱怨着要回去找钱包，他询问了很多人，最后又找警察报案，结果钱包不仅没找回来，还浪费了大量时间，心情极差不说，而且没有钱回家，让他无比烦恼。

另一人丢了钱包之后，很快就冷静下来，他知道找回钱包的希望很渺茫，与其烦恼抱怨，倒不如尽快赚到一些钱，做回家的路费。于是他找到一家饭店，做临时工端菜洗盘子，做了一段时间就挣到了路费，而且还跟饭店老板成为朋友。

对比这两个人的心态，我们可以发现，前者碰到逆境时，喜欢钻牛角尖，最后只能让失败更加彻底。而后者相信自己拥有强大的创造力，遇到困境时也能调整心态，把恶劣的环境转化为创造新价值的动力，这样的人，不会留在原地唉声叹气，烦恼抱怨，而是想尽办法为自己营造全新的环境，把逆境当作前进的内在动力。

每个人心中的理想，都有可能实现。有人拥有远大志向，把精力放在如何成功上面，不管遇到什么艰难境况，都见招拆招，百折不挠。还有人受到挫折就停滞不前，他们只看到失败的表面，却无法从中挖掘出更多的机会。这样的人喜欢高谈阔论，如果看到别人成功，就会摇头说："因为他背后有贵人相助，运气又好，老天爷特别垂青他！"看到别人遭失败，就会下结论："这个人运势太差，一辈子也没法出头，就这样了！"

如老子在《道德经》所言："祸兮，福之所倚；福兮，祸之所伏。"一个人遇祸的时候，不沉溺在懊恼中，相信凭借努力，祸患也能转为福气。在得福的时候，特别谨慎行事，以免得意忘形，招来祸事。这样的态度才是充满正能量的，一定会享受到好运气，受到"老天爷垂青"。

雄鹰活到一定年龄，爪子开始老化，喙变得又长又弯，翅膀羽毛浓厚沉重，不仅飞翔吃力，而且无法捕捉猎物。它必须面对两种选择，要么留在原地，唉声叹气地等待死亡降临，要么经历痛苦的蜕变和磨炼，让自己获得新生。雄鹰飞到山顶悬崖峭壁上，用它的喙在岩石上打磨，直到又长又厚的老喙完全脱落，再长出新的喙。然后用新喙将爪子的指甲一根根拔掉，等新指甲长出来，再用爪子将厚重的羽毛拔掉，直到五个月后，新羽毛长出来，雄鹰获得一次全新的生命，重新振翅高飞，自由翱翔在天空中。

人人都要在苦难中打磨自己，然后等待时机化茧成蝶，因为生命只有在抗衡困境时才能显出高贵和坚韧。当我们经历蜕变，也就获得了一次新的生命。

//

只有拼尽全力的人，才有资格说放弃。在那之前，你问问自己：是否拼尽全力了？

要改变命运，就要拼尽全力

梦想的外表闪闪发亮，背后却由无数次的拼尽全力支撑，也许每个人都希望自己前行的道路上一马平川，然而，事实上，人生有太多的未可知和难以预料的因素，导致我们必定要经历许多凄风冷雨，才会在雨过天晴之后，迎来彩虹。

有人说，我已经拼尽全力了，为什么还不成功？我想说的是，那是因为你还没有足够努力，你的拼尽全力只是你自己认为的。梦想如同阳光，不会照耀到那些躲在黑暗里的小花，它仁爱但严苛，睿智却吝啬，只会照耀那些拼尽全力，坚持到最后的勇者。

我认识一个女孩叫彤彤。几年前，她从家乡的小县城来到北京。在此之前她在当地一家事业单位做了两年会计，有编制，工作稳定，很多人都羡慕她。工作之余，家里人给她安排相亲，希望她能安安稳稳地过一生。

但是彤彤心里一直存有梦想，她不愿意一辈子待在县城里，不愿意接受按部就班的命运，过着一种在别人眼里认为安稳的日子。目前这种稳定安逸的生活让外人很羡慕，然而对她来说，或许只是枷锁和牢笼。她想改变自己的命运，从笼子里飞出去，周游世界四处看看，她想去感受一下外面的世界，过一种不同于祖辈的生活。

可以预见，她的想法遭到全家人的反对，都说她不切实际，苦口婆心地劝她。彤彤告诉家人，她打算通过考北京的研究生改变命运。于是大家都给她泼冷水，说她只是个小地方的本科毕业生，而且已经毕业了这么久，知识更新很快，她想从外地考进北京名校，简直是痴心妄想。长辈们更是觉得不可思议，她已经二十好几，在事业单位当会计，这样的好工作打着灯笼都找不到，而且她本人也天分一般，整天还不自量力地瞎折腾，真不知道脑子怎么想的。

彤彤思前想后之后，还是要坚持自己的梦想，她一气之下辞了职，彻底断了自己的退路，准备复习考研。她把丢掉两年多的英语重新捡起来，每天起早贪黑地学习。时间很快就过去了，但成绩公布时，却意外差了三分没过分数线。

考试失利让周围人有借口攻击她，纷纷指责她说早就知道她考不上，这下子可惨了，没考上研究生，工作也辞了，赔了夫人又折兵，白忙活一场，不知道她是不是傻。不管别人如何非议她，彤彤知道，通过这一年的复习考试，她的梦想和目标更加清晰，她越来越明白自己想要什么样的生活。别人说她傻没关系，她觉得，她离自己的梦想又近了。

她调整心态，开始新一轮的备战。她合理地安排学习时间，运用更加有效的学习方法，最后如愿以偿地考上名校的研究生。三年学习期间，彤彤因为成绩优异，多次去国外做交流生，结交了很多朋友。毕业以后，彤彤进入一家国际金融公司，遇到了自己的另一半。落户北京之后，夫妻二人时常去全球各地为公司处理金融事务，两人志同道合，相携相伴，安稳地过着自己想要的生活。

就这样，彤彤通过自己不懈的努力，改变了自己的命运。

有次，我跟彤彤见面，忍不住问她："当时你还没考上研究生，就敢把工作辞了，胆子也太大了。"

彤彤笑一笑说："那个时候，我想的是，不管他们怎么打击我，我一定要拼尽全力！研究生再怎么难考，毕竟每年都有那么多人考取了。我承认自己的基础不如别人，但如果花费十倍以上甚至更多的努力，我就不相信我考不上。"

她停顿了一会儿，又说道："为了改变命运，让我拼尽全力又有何妨？"

我打心眼里佩服像彤彤这样努力的人，在年轻的时候没有安于现状，不给自己留后路，挖掘自己的潜能，迎难而上，努力奋斗，最终实现了自己的梦想，得到想要的东西，做到了人生无悔。

有人说，活在世上有吃有喝，过着安稳闲适的日子就好，为什么要拼尽全力，去做吃力不讨好的事情。但是他们不知道，一个人的自身价值需要挖掘之后，才能显露出来，如果不尽全力拼搏，永远都不知道自己的极限在哪里，甚至不会知道自己真正喜欢什么。

被别人安排出来的命运是可怕的，绝望的，即便一辈子有吃有喝，安稳闲适又能怎样，那并不是你自己真实的命运。在这个世界上，没人愿意做虚假命运的傀儡，我们都想自己选择人生，这就是我们拼尽全力的最大意义。

就像《楚门的世界》这部电影，楚门的人生是导演安排的一场戏，电影的结尾，楚门想逃离这种不真实的命运，他在狂风暴雨中几乎歇斯底里，对那个操控自己半生命运的导演吼叫："你还有什么法宝？你要想阻挡我离开，除非杀了我。"他真的想拼尽全力，选择过一种真实的生活，哪怕穷苦潦倒也好，不得志也好，只想要自己的命运。

如果不让他自由，他宁可选择死亡，也不愿意苟且活着。

楚门在风暴中无数次落水，导演的长镜头拍下他坚韧不拔的表情，他一次次拼尽全力，抓紧小船上的绳索。最后，他终于抵达了封闭他半生的影城幕墙，他的执着打动了所有人，在万众瞩目下，他谢幕离开，去寻找他朝思暮想的自由。

获得选择的自由，这是全力以赴给予奋斗者的最佳礼物。

努力的结果除了成功和胜利，还有对生命的自主和尊重。2014年世界杯上，阿迪达斯的广告语“All in or nothing(要么赢，要么零)”这一句话震撼了很多人。体育竞技需要拼搏，我们的人生何尝不是如此？

凡是努力的，会给他更好的东西

从小到大，我遇到过几个天才同学，还有一个很“笨”的人，就是我的好朋友小芳。

先说天才，小学四年级的时候，班上转学来了一个清秀的女生，坐在我的座位后面，名字叫晶晶。她有一项超乎常人的本事，就是一目十行，过目不忘。当时语文课上所有的诗词歌赋和散文，她只要看一遍，安静回想几秒钟，就可以一字不差地背诵出来。

她的本事让我们惊为天人，一下课就请她表演这个绝技，班主任很快也发现了她的技能，并通报了教务主任和校长，一时之间，全校师生都知道我们班上有一名记忆天才。那时候我坐在晶晶的前座位，也感觉沾了她的荣光，十分骄傲。

但是晶晶的成绩到了初中，就变得非常平庸，所有背诵记忆的内容，她都手到擒来，历史和英语成绩较好，但是数理化并不出色。后来读了高中，她严重抑郁，高考失利之后，又重新复读了两次，都没考上大学。我读大三的那年，听说她服药自杀了。如今回想起来坐在我后座的这个清秀的小女生，记住的是她那腼腆的微笑，我心里觉得又难过又遗憾。

还有一位天才，是我高中同学王倩，人长得黑黑瘦瘦，轻巧伶俐，但是体力却很强悍。在体育课上，无论长跑短跑，跳高跳远，都好像专业运动员一般，成绩永远是第一，并且把第二名落得远远的。体育老师经常感慨地说，这名学生如果培养一下，成全能运动员没问题，进国家队都没问题。

当时我跟王倩的关系很好，就问她是不是经常自己锻炼，或者家里吃的食物很有营养，体内才有如此惊人的能量。王倩说她很少锻炼，吃的东西也跟大家一样，没什么特别的。我只能承认，有人就是拥有特殊的天赋，让我们这些平凡人无法企及。

但是王倩没有选择当运动员，她家人不愿意让她从事体育职业，而且她自己也没兴趣，运动对她来说，甚至连爱好都算不上。后来她没有考上大学，外出打工谋生，几年后结婚生子，回到老家找了一份医药器材代理的工作。今年春节我回家，偶尔见到她，身体已经发福到认不出来，步履迟缓沉重，再也没有当年轻巧伶俐的模样。

第三位天才是我大学时期的同班同学吴笑，非常温柔白净的一个女孩，不仅说话声音甜美动听，而且模仿别人的语气完全可以以假乱真。她的语言能力超级强悍，任何语言，只需要她听一遍，就能模仿得惟妙惟肖。有一次她模仿英文电影中两人的对话台词，分饰一男一女两个角色，简直比原版还原版，让全宿舍的人目瞪口呆。

她可以用播音员的腔调模仿新闻联播，还能模仿各种各样的地方话俚语方言，逼真有趣，令人捧腹大笑。当时我们鼓励她报考传媒大学的研究生，考播音主持专业，或者配音演员之类，一定非常胜任。她也动过这样的心思，但最后还是放弃了。她是家里的独生女，父亲早早给她安排了地税局的工作，大学毕业后回到家乡，安稳地工作结婚生子。等我们五年后舍友重逢的时候，听说她离婚了，独自抚养三岁的儿子。我建议她考虑读传媒大学的研究生，她摇头说，已经不可能了。然后转头扯着大嗓门，朝儿子叫喊："你好好坐着，不要到处乱跑！""一眼看不见你，又开始淘气，快点坐下！"她曾经的温柔甜美都无影无踪了，让我们唏嘘不已。

马太定律里说："凡是努力的，还有更好的东西加给他，叫他有余。凡是不努力的，连他原本所拥有的也要夺走。"上帝对待世人是公平的，赋予你天才的本领，如果你不努力，不加以利用，上帝就把你的天赋才能拿走，让你最终失去天赋，变成一个普通人。

而那些天赋被上帝拿走之后，去了哪里？上帝把它们赠送给原本缺少天赋，但是却非常努力的人。跟这些天才对比，我要说一说我的"笨"朋友小芳。

小芳是我小学时认识的朋友，整天笑眯眯的一个女生。因为平时说话做事慢吞吞的，不够灵活聪明，学习也总是倒数第一，所以老师很少关注她，一些淘气的同学经常叫她“笨蛋”。父母见她学习不好，就打算让她学一门特长，选了几种乐器、演讲、跳舞等，培训班的老师看她天资过差，都拒绝接收她，说她缺乏音乐天赋，身体动作不协调，表达能力也差。最后家里没办法，把小芳送到一个美术培训班，请老师严格教导她。

小芳学了一年的画画，画出来的东西依然不像样子。美术老师非常头疼，对她要求更加严格，有时候言语激烈，不停地骂她“笨”。但是小芳却没有生气，总是笑眯眯的，她变得比以前更加勤奋努力，安安静静地一个人画，别人都出去玩了，她还是留在画室里继续画。

等我们小学毕业的时候，小芳已经画得有模有样。初中的时候，她选择了绘画特长班就读，接下来三年初中，三年高中，四年大学，她都在进行美术学习，一心一意地执着绘画。

大学毕业之后，她进了一家专业插画的艺术公司工作，业余时间画一些图书插图，给出版社、杂志社投稿，收入颇丰。年假时她带着画板在国内外旅游，将见闻整理成文字之后，配上精美有趣的手工图画。她还出版了自己的生活绘画集子，并在圈子内小有名气，很多著名的杂志和动漫公司都找她画插图。

最近，小芳举办了个人的小型画展，人人都赞美她的画生动富有感情，说她是一名不可多得的天才画家。我看着她依旧和当年一样，笑眯眯地站在门口和大家打招呼，看着她那一幅幅功力深厚的画卷，由衷地替她高兴。今天大家都赞誉她是天才，只有我知道，她走到今天这一步，取得这样的成就，这里面有多少汗水和泪水。

小芳告诉我，天赋这东西真的很神奇，最开始她非常讨厌画画，一条线画了几千遍还是弯弯曲曲画不直，一点绘画天赋都没有。但是她没有其他路可走，只能日日苦练，再后来，画得多了，对画画慢慢有了一点感觉，等到了大学阶段，脑袋好像突然开窍了一般，终于感受到绘画带来的情感和魅力。就这样，她全身心投入到绘画的艺术殿堂中，越画越自由，越画越充满信心，最后她能够用绘画作为谋生职业，绘画给她带来财富、地位、名望，带来了自信和美好的生活。

“天赋这东西，虽然很重要，但是如果没有，我们也可以靠勤奋和坚持，说不定努力到一定程度，上帝就把天赋赐给我们了，让我们也可以成功。”小芳笑眯眯地说道。

小芳脸上的笑容，如今在我看来，简直是天才嘴角的一抹谜之微笑，让我对她肃然起敬。的确，天赋就像一件捧在手中的礼物，包装精美，闪闪发亮，可是礼物数量有限，得到的人很少。与其抱怨失望，甚至颓废堕落，倒不如坦然接受，脚踏实地，努力奋斗。上帝或许会在你不知道的某一时刻，把天赋赐下来给你，让你在以后前行的道路上所向披靡，一路斩获桂冠。

世界上天才很少，少有的天才也多数陷入“伤仲永”的悲剧。我们要相信，如果普通人坚持到底，也会有机会超越天才。因为每个成功者嘴角的微笑，都隐含着无数的汗水和泪水，我们只有咬紧牙关奋力奔跑，才能笑到终点，笑到最后。

永远不放弃自己

在人生这条波涛汹涌的大河面前，我们每个人都是不谙水性的渡河者，前方一片惊涛骇浪，有谁能做到一直勇往直前，“直挂云帆济沧海”？如果遇到坎坷，我们就转身离开吗？遇到布满荆棘的道路，我们就畏惧不前吗？要知道，只有你不放弃自己，这个世界才不会放弃你。

很多人的生命五彩缤纷，满溢着欢乐和成功，但世上也有一些人自幼遭遇不幸，人生中满是悲伤的故事。

特纳3岁的时候，经历了人生中一次巨大的磨难，有一次他在横穿马路时，被一辆疾驰而来的汽车撞飞。

车祸过后，家人以为他只是有轻微的脑震荡，缝上几针就没问题了，没想到从这以后，特纳的身体越来越糟，各种疾病都找上门来。麻疹、皮炎、水痘、湿疹、肺炎、哮喘等，它们与特纳如影随形，不停地折磨着这个无辜的小男孩。但是他并没有因此沮丧，小小的年纪就勇敢地跟病魔抗争到底。

特纳10岁的时候突然患上面瘫，那一天本来是个欢乐喜庆的日子，他原本计划打扮好去参加节日欢庆游行，可是就在他洗脸的时候，却发现自己的脸有点麻木，很快半边脸的肌肉不听使唤，完全动弹不得。家人惊慌失措，只得放弃节日游行，匆匆忙忙送特纳去医院治疗。

在去医院的路上，特纳心情特别难过，不停问妈妈："妈妈，你说世上真的有上帝吗？上帝如果是慈善充满爱的，他为什么对我残忍，总是让我生病呢？上帝真是万能的吗？他为什么不给我一点帮助呢？妈妈，我不愿意去医院，不喜欢看见医生，我该怎么办呢？"

妈妈虽然无比心痛，但是不想让孩子看到这些，她很快地调整了一下情绪，微微笑道："世上当然有上帝了，他是万能慈爱的上帝，也是充满智慧的上帝，因为他知道你是最坚强的孩子，所以派病魔来考验你，就是要把你磨炼得无比强大，然后他才会把一件重要的任务交给你做。你要坚持到底哦，上帝在天上看着你呢！"

妈妈这样一说，特纳顿时高兴起来，说道："原来是这样啊，因为上帝有重要的任务要给我，所以才需要用疾病磨炼我。所以，我要表现得勇敢一些！"到了医院，特纳鼓起足够的勇气，接受医生为他做脊椎穿刺手术，这样的手术连成年人都难以忍受，但小小的特纳表现得十分坚强。当医生把长针刺入他的脊椎里，准备抽取骨髓时，他疼得痛哭号叫，这是一个无比痛苦的过程，尽管如此，他始终没有一丝挣扎和想要放弃的念头，而是忍着剧痛坚持到底。

手术结束后，医生们都表扬特纳的勇敢，他坚定地点头说：“因为我相信，手术的时候，上帝在看着我，所以我要挺过去。”

几个星期以后，面瘫的症状消失了，但是，随之而来的是面部肌肉出现问题，造成嘴巴不灵活，口齿不清，说出话来发音不准，别人根本听不懂他说些什么。特纳无法用语言表达自己，这让他异常沮丧焦虑，但是家人对他不离不弃，哥哥每天陪伴特纳，研究他的嘴型发音，最后可以根据口型判断他要说什么话，就这样，善解人意的哥哥成为特纳的“贴身翻译”。

就这样，特纳在家人的照料和陪伴下，在成长的道路上一步步艰难而倔强地成长着；他努力配合医生的治疗，听医生的话，忍受治疗带来的种种痛苦，终于让自己的嘴角组织变得灵活起来；在学校里，他除了上课以外，还花大量时间请老师训练自己的发音，让自己重新学会讲话。

特纳自幼体弱多病，造成他的身体比同龄人更加瘦弱，为了摆脱疾病缠身的噩梦，为了让自己的身体强壮起来，他决定学习打篮球。这位弱不禁风的少年，从来没有停止对自己进行自我拯救，当周围的人都劝他多休息，好好保养身体的时候，他却开始了漫长的篮球生涯。

在篮球场上，他拖着虚弱的身体，经常被队员撞倒在地，常常摔得伤痕累累，浑身疼痛，但他一点也不泄气，因为这些疼痛跟手术比起来，根本不算什么。他对篮球运动充满热情，最开始只是为了强身健体，慢慢地他发现自己爱上了这项运动。可是，学校的同学们不愿意带他一起玩，谁也不想跟这么虚弱的人打篮球，因为太无趣了，而且特纳身体不好，经常摔倒也太危险了。于是，学校的篮球伙伴们渐渐疏远了特纳。

特纳虽然失望，但他没有放弃自己的爱好，回到家里，邀请哥哥跟他一起打篮球。他们兄弟俩还想出一个办法，在房子后面的路边建造一个特别的篮球场地，他们把装牛奶的板条箱绑在一根电线杆上，然后把一根粗铁丝掰弯，变成了一个球筐。

就这样，兄弟俩的身影每天出现在“篮球场”上，特纳年复一年沉溺在打篮球的快乐中，每当他投篮的时候，心里就想着：“上帝在天上看着我呢，我一定要好好表现。”等到上高中的时候，特纳发音练习取得成效，已经可以毫无障碍地说话，他口齿流利，发音准确，根本不像一个有过发音障碍的人。而且他的身体比同龄人更强壮，篮球技术高超，成为学校篮球队的精英队员。高中毕业时，他收到了俄亥俄州立大学提前录取的通知书，这所大学是俄亥俄州排名第一的公立学校，也是全美享有盛名的研究型公立高等学府。

特纳进入大学之后，多次在篮球联赛上取得优异成绩。2009年，他代表美国队参加世界大学生运动会。他读大三的那一年，当选了十大联盟年度最杰出球员。2010年，特纳获得了美国大学篮球赛重要个人奖项的大满贯，分别荣获了约翰·伍登奖、奥斯卡·罗伯特森奖、美联社最佳球员奖、奈史密斯奖、全国教练评选年度最佳球员奖。2011年夏天，22岁的特纳参加美国NBA选秀大会，评选专家们一致认为，特纳是一位难得的天才球员，他拥有打篮球的天赋、身形、爆发力、篮球智商、篮球大局意识等，他以第一轮成绩第二名的资格被费城76人队选中，并签订了四年价值2152万美元的合约。

假如当年的特纳因为病痛而自暴自弃，假如他一直躺在病床上自艾自怨，假如他没有操练自己的发音，假如他没有坚持篮球运动，假如……那么世界上就少了一位优秀的篮球运动员，也少了一位自强不息且面对困难和痛苦永不放弃的顽强者。

成功的道路上充满了坎坷和艰辛，在困难面前与其害怕退缩，倒不如坦然接受，勇敢面对。世上任何人都无法预测人生天气的阴晴，无法预料未来发生什么事情。但只要心灵的天空始终明朗，也许就会有奇迹的发生，在经历狂风暴雨之后，必然能遇见彩虹。

奋斗，让我们活成自己的模样

前几天，我遇到一位读研的朋友。她告诉我，自己研究生就快毕业了，却不知道将来要做什么，感觉人生很是迷茫。她说，人生中过得最充实最快乐的是中学时代，因为那个时候年纪小，有一大群朋友，每天一起读书，一起畅想未来，大家心里都有一个坚定的目标，那就是考上自己喜欢的大学。可是到了大学之后，发现一切跟自己想象的不一样，衡量优秀的标准变了，人和人之间的关系远了。越来越多的人拥有自己的小天地，让她感到无所适从，有时候跟别人聊不到一块，就莫名其妙地受到排挤，有时候不参加同学聚会，就被人说成不合群，也遭到排挤。想要精通人际关系，变得八面玲珑，实在是太困难了。正因为这样，她才决定继续读研究生，因为离开校园之后，社会上的人际关系更是错综复杂，让人无法应对。

她说现在很快面临研究生毕业，她重新审视自己，感觉非常害怕，自己平平淡淡活了二十多年，家世普通，长相一般，专业成绩中等，没有什么特别的兴趣爱好，没有说走就走的背包旅行，甚至都没有好好谈过一场恋爱。她根本不知道毕业以后能做什么，不知道自己是应该继续考博士，还是随便找个工作；自己留在大城市打拼，还是回到老家安稳地生活。她心里有各种的迷茫和纠结，搅得她寝食难安，很长时间都没露出过笑脸。

她长叹一口气，幽幽说道："看一看周围人的生活，也都是忙忙碌碌的，好像大多数人都像机器一般不停旋转，没有停歇的时候，到底是为了什么呢？都说要追寻梦想，可是，我连自己的梦想是什么都不知道。"

听了她说的话，我也跟着一声叹息，陷入了短暂的迷茫当中。其实我跟她一样，当年毕业的时候，也不知道要干什么，身边的人有人一会儿劝说考公务员好，一会儿又有人劝我考研究生，又有人说考教师才好。那时候的我，整天都被这些周围的诱惑搅扰，搞不清楚自己想要什么样的生活。

但是，我知道，我人生中的很多事情是需要我一个人来完成的，总有一段时光需要我一个人拼命往前走，注定是孤独的，在这条路上，谁也帮不了我。所以，我必须给自己选择一条通往未来的路，哪怕跌倒了，也要咬牙爬起来，所有疼痛都往自己肚子里咽。因为前行的路上不能游移不定，我们不能怕噎着就不吃饭，怕黑就不关灯。

曾经十几岁的时候，我梦想在大城市里当一名编辑，想象着办公桌面对着明媚的阳光，我从落地窗看出去，整座城市的风光一览无余，那是怎样一种满足感。但是父母希望我大学毕业后回家，在家乡的镇上找一个稳定工作，那么，考地方公务员和当教师是最好的选择。

我虽然心里失落，但也去参加考试了，公务员落选，教师也没当上，但我心里没有太多的难过和抱怨，因为我自己知道，我根本没有付出多大的努力，这样的结果，完全在意料之中。

但是，人生后面的路应该怎么走，我也感到茫然，好像哪一条路都不合适，任何一种职业都很无聊。我发现成年人都过得十分没趣，每天上班下班，做家务带孩子，年复一年，日复一日，缺少情调，缺少兴趣，缺少美的生活，这绝对不是我想要的。

有一段时间，我的状态差到极点，不想说话不想逛街不想写文章，连美食放到我面前，都有一种味同嚼蜡的感觉。每天混混沌沌，蓬头垢面，连镜子也懒得照一下，白天睡得多，晚上就经常失眠，熬到三四点也睡不着。我仿佛成了哲学家，每天自己探讨奋斗的价值和意义。我渐渐变得偏激，觉得生活真没意思，我们为什么要奋斗？人人都说追寻幸福和快乐，用了“追寻”二字，可见这两样东西就不存在，即便有一点存在的影子，也是稍纵即逝，难以得到。

有一天，我在书上看见一句话：“奋斗的美好，在于让我们活成自己的模样。你不奋斗，你就永远按照别人安排的样子去活！”这句话让我泪如雨下，触动了心底最柔软的地方，我终于知道自己想要什么了，我真正想要的，不是波澜不惊的生活，不是稳定的工作，不是一份养家糊口的薪水，我想要的是，活成自己的模样。

如今我已经找到自己想要的生活，那么，许多曾经像我一样迷茫的年轻姑娘们，我想跟你们分享一些经验和总结。

首先，拥有梦想是美好生活的开始，它不需要多么伟大，关键是去做自己喜欢的事情，不管最后能不能做好，追寻梦想的过程就会让人有很大的成就感。而且，只要你去做，梦想便有可能实现。

其次，要培养一项兴趣爱好，最好这项爱好可以赚来一点零花钱，那么你就不会觉得生活无趣了。比如有的人喜欢写文章，可以投稿赚钱，有人喜欢绘画，可以画插图赚钱。爱好并不是你的职业，但会给平淡的生活带来很多惊喜。当你用自己的小爱好赚来的钱吃一顿大餐，买一件小礼物给自己时，幸福感便油然而生。

再次，不管你是不是天生丽质，都应该培养气质，而气质多半藏在读的书里。有时间就读书，阅读能增长知识，丰富内涵，锻炼思维，让我们学会思考和感悟。读书可以分为两大类，一类是对你的专业和职业有帮助的，是实用类的书籍。还有一类是休闲放松的书籍，午后慵懒地倚在沙发上，沐浴着柔和的阳光，喝一杯红茶，读一本喜欢的书，读累了就小憩片刻，可以让你感觉到时光的美好。

还有，让专业技能精益求精，这是你升职加薪的最好保障。如果你是教师，就要多练习当教师的基本功，认真备课，写板书，训练普通话，保持微笑，和蔼对待学生。如果你是公司文秘，处理文件，制作表格，幻灯片展示，撰写发言稿，整理档案，等等。

最后，不管你有没有男朋友，有没有爱人孩子，都要学会与自己独处。一个人逛街，一个人吃饭，一个人看电影。静下心来一个人思考问题，将来遇到困难，在没有人帮助的情况下，自己也能独自应对。

虽然人类是群居动物，天然排斥孤独，但是在现代生活中，每个人都要成为自己的骑士，遇到事情的时候，即便自己一个人来扛，也能应对自如。如果你还没找到另一半，就更需要一颗强大的内心，需要把一个人的生活过得有滋有味、井井有条，因为总不能事事依赖人，没有伴就活不下去。

如果有一天，你把你自己的模样活出来，你的手中，就握住了满满的幸福和自豪，就会有傲气也有底气，有鲜花也有花蜜，不再担忧也无所畏惧。

让所有梦想都开花

最近读美国著名女诗人狄金森的小诗《如果我不曾见过太阳》，里面有一句话："假如我没有见过太阳，我也许会忍受黑暗；可如今，太阳把我的寂寞，照耀得更加荒凉。"她想告诉我们的是，当一个人曾经拥有过幸福的感受，当一个人的感觉被前所未有的东西触动，就再也无法忍受从前的"黑暗""寂寞"，无法回到过去的状态，阳光能照亮未来的路，同时也让麻木、浑噩、颓废、绝望和自伤无所遁形。

我的好朋友梅子是千千万万北漂女孩中的一员，最近这半年她无所事事，心情也不好，整天在朋友圈和微博里刷存在感，看一篇篇的鸡汤文字，却始终无法让自己感动。究其原因，是她失恋了。

上个月她约我见面，两人坐在咖啡馆里闲聊，偶然听见一首歌曲："我知道我一直有双隐形的翅膀，带我飞，给我希望，我终于看到所有梦想都开花……”当时她的眼睛就潮湿了。

“没错，我们每个人都有一双隐形的翅膀，带我们飞过命运的高山和江河。但是在飞翔的过程中，我们会遇到阻拦者，折断我们的翅膀，让我们从高空坠落。”她双眼通红，呜咽地说道。

梅子大学毕业三年，一个普通的姑娘凭着不懈的努力晋升公司中层，在事业顺风顺水的时候，相恋七年的男友却移情别恋了。当梅子亲眼看见他跟一个女生发嗲撒娇，嘴里喊着“亲亲宝贝”时，她的怒火和绝望无法遏制，冲上前去，一巴掌甩在男人的脸上。这一记耳光打散了七年的爱情，梅子原以为自己可以躲过“七年之痒”，没想到仍然中了魔咒。

分手之后，梅子患了急性喉炎，高烧不退，请假在家输液养病，偷偷舔伤，整整折腾半个月。病好后回到公司，才得到一个消息，自己刚晋升的岗位竟被别人给顶替了，自己辛辛苦苦积累的客户资料也被对方拿走了，而那个取代她的女孩，曾经跟她亲密无间，口口声声喊她“姐姐”，时常约她逛街吃饭，如今却成了陌路人。公司经过人事变动之后，中层已经没有适合她的位置，梅子面临两种选择，要么重新回到基层部门工作，要么辞职不干。

梅子选择辞职，带着自己的东西离开公司的一瞬间，她泪如雨下。短短三个月的时间，她曾经引以为傲的爱情和事业都弃她而去。她顿时陷入茫然之中，失去了这些之后，她还剩下什么？

歌词里唱道：“我终于看到所有梦想都开花……”梅子想起

她似乎也有过，喃喃说道："梦想，是啊，我的梦想是什么？"

在我看来，梅子一直很努力，对生活、对事业、对爱情，都有过执着的努力。梅子也一直很卑微，对生活、对事业、对爱情，都卑微得低到尘埃里。但她的努力并没有带来好运，相反地，那些艰难与背叛在她身上划过一道道伤痕。当初认准了初恋男友是一辈子要守到底的人，不顾周围人的反对，仍然选择坚持，但是结果呢，为了这场最终失败的爱情，她几乎蜕掉一层皮。

见她如此难过颓废，我只得苦口婆心地劝她，不管曾经遭遇多大的不幸，时间久了，都变成了泡沫。不要因为某几个人的缘故，就对这个世界抱有"不信任"的态度。年轻的时候，谁没在爱情和职场上遇到一两个渣男渣女，留道伤疤也不是坏事，等磨掉了那层皮，接着就换上新颜了。

梅子长叹一声说："我只是不甘心，凭什么我要成为别人感情和事业里的殉葬者，我好像飞蛾扑火一般，朝着神圣的爱情和事业进发，结果却被一团火焰烧得魂飞魄散。"

我不知道该怎样安慰她，有的时候，我们急于得到的东西，往往是伤害我们最深的，我们全心全意对待的，时常是背叛我们最彻底的。

这时候梅子的妈妈打电话给她："你小时候梦想当一名老师，现在有一个好机会，你回家来试试吧？"

梅子说："我不想回家。"然后挂断电话。

“对啊。”我突然想起小时候的事，说道，“梅子，以前你不总是说想当老师吗？既然这边工作都辞了，就该回去试试。这几年你一直都为别人活着，也该重新想一想怎样为自己活着。”

梅子若有所思，那天之后，我们很久没有见面，后来我听说她回家了，带走了所有的行李，永远不打算再回来了。

两天前，她突然打电话给我，心情十分愉悦，隔着话筒都能感受到她的兴奋和欢喜。她告诉我，回家之后进了一所小学代课，当她第一天上课，全体学生起立喊道：“老师好！”那时候她突然有一种触电的感觉，尘封了许久的梦想被学生们唤醒了。

她终于知道，内心中真正想要的是什么，就是从小就有的梦想，她想当一名老师。我问她真的想通了吗，不是因为爱情受挫、事业没着落暂时的逃避吧。她说她真的想明白了，并且感谢爱情和事业不如意，才让她有机会跟梦想不期而遇，因为她差一点就忘掉了心中向往的真正美好。

她说明年要考取教师资格证，成为一名正式教师，今后在教育行业里打拼，开拓一片新天地。

一个月前，梅子还沉沦在沮丧和失落当中，如今的她，重新振作起来，焕然一新，是梦想给了她追求美好生活的勇气和力量。在生活中，爱情不能苛求，事业终有尽头，只有梦想是鸟语花香的世界，让我们面对艰难的时候，也如同踩着玫瑰花瓣前行，浑身都是馨香的味道。

第二年，梅子报名参加了中小学教师资格证的考试，并且顺利通过，当她走进小学教室时，从窗外透进来一缕缕阳光，照在孩子们灿烂的脸上。那一刻，梅子发现，原来阳光一直都陪在她身边，从来没有失去过。

从那天开始，她换了手机接听铃声，当我拨通她电话的时候，听见手机里传来歌声："我知道我一直有双隐形的翅膀，带我飞，给我希望。我终于看到所有梦想都开花，追逐的年轻，歌声多嘹亮。我终于翱翔，用心凝望不害怕，哪里会有风，就飞多远吧……"

THREE

你的努力，将成就不可取代的你

也许每个人都相信，经过自己的努力，总有一天可以破茧成蝶，拥有比别人更多的魅力，但想要有此收获就要能承受住更多的痛苦和煎熬。

一个成熟的人，永远不会绝望

也许每个人都相信，经过自己的努力，总有一天可以破茧成蝶，拥有比别人更多的魅力，但想要有此收获就要能承受住更多的痛苦和煎熬。

在我参与的一场面试中，我与老同学丹偶然相遇，她向我讲述了她近些年来的经历。

我和丹相识在高中时期，当时我们同在一个班，但她却因几分之差与大学失之交臂。后来，她选择了在本市最著名的复读班进行复读，最终在考试中超过了本科线10多分。

然而天不遂人愿，在填报志愿时，丹出了差错。

等拿到录取通知书的时候，她失望了，但此时一切都已成定局——她收到的是省内一所师范专科院校的录取通知书，虽然专业是她喜欢的英语，但原本能上本科的分数却上了大专，她怎么能甘心呢？她说当时去学校报到的时候是“一路哭着去的”。

丹在那天的面试中发挥得很不好。

在丹做了自我介绍之后，招聘方便提问，在简历中为何没有英语专业四级证书的复印件？她略带羞愧吞吞吐吐地说：“没过。”

在这短短的15分钟的试讲中，丹因为紧张出现了好几次的口误。在陈述一个观点时，她总是先做陈述，然而没过几秒钟，她又说出了与之前论点相反的结论。

不用等结果，单看主考官的表情，就知道这次应聘丹希望不大。但她却说：“你们都是本科生，就我是大专生，本来我也没抱什么希望。”

所以在面试结果还没出来前，丹就离开了。在走之前她还在嘀咕“都怪那年……如果不是……”我和周围几个听了她遭遇的人目送着她的离开，并为她的不断错失而感到惋惜。

后来，我在别人那里又听了一些关于她的消息。

丹在哭着去报名后，用了很长的时间才让自己平静下来，其实准确地说，是从未平静。

在刚进师专的时候，因她是全校第一而备受青睐，但她的沮丧、愤慨，让她总是在向别人倾诉，不管是老师、同学，或是在餐厅、酒吧，只要有机会她便会大吐苦水。

慢慢地，她好像找到了发泄渠道，而她的身影也常常出现在饭局、酒吧，而不再是教室，大家是这样评价她的：“她是我见过的酒量最好的女生。”“她一个人能喝六个‘小二’，打通关能把所有男生全打趴下。”

这时她基本是完全放弃了学业。丹总是说：“一看到课本我就会想，这里本不该是我待的地方。”有人也劝她可以考研，而她却回复道：“作为一个大专生得工作两年后才能考研！”

“如果不是……我就可以……”总而言之，自从拿到录取通知书的那天起，丹就对自己的学业按下了停止键。

像丹这样的人还有很多，这种人在某种程度上可以说是失败的。这些人也有一个共同点，就是喜欢偷换概念、借题发挥，纠结在一些问题中不能自拔，而不从自身找出问题的所在，更不愿承担责任，事实上来说，恰恰是他们自己改写了自己的命运。

人生不如意十之八九，有谁的一生是顺风顺水的？在成长的过程中谁没有磕磕绊绊？当你自己为自己的伤疤给予悉心的照料，它才会有痊愈的可能，结痂组织也会使伤口对未来的疼痛产生免疫。只有这样，才能面对生活中的折磨和伤痛，变得更加坚强。

有很多的方式都会帮助你依靠自己的能力克服这些困难。每个人都有自我宣泄的出口和表达自我的途径，成长路上偶尔出现失误在所难免。所以，别再一味地悲伤，还不如把悲泣的时间用来宽恕、遗忘。宽恕别人，放过自己，对自己宽容些，对过去的不如意说声拜拜，努力向美好的未来走去。

没有人能无缘无故地成功，也没有人会无缘无故地失败，所谓成功和失败，都是有原因的，正如杨昌溢评论的那样：

“所有那些令人羡慕或成功的人，除了其天资，更多的是他们的自信，才能令他们鹤立鸡群，这种自信以及绝不认输的态度足以淹没那些唾沫。”

人生困难重重，有时你拼尽全力度过了这个关卡，放眼望去却发现还有更多的难关在前方等着你，即便你经过努力实现了目标，却发现新的目标有更多的挑战在等着你。就像那些行走在黑夜中的人就算等到阳光，也终将会面临下一次的黑夜，度过了这个寒冬还会有下一个在等着你。

有时，感觉自己实在坚持不下去了，只想痛哭一场，然而，一想到自己还未完成的工作和没有实现的目标，就会觉得对于当前的自己来说，根本没有资格哭泣，因为眼泪是属于胜利者的，并且只要活着就有希望。于是，试着嘴角上扬，给自己一个鼓励的微笑，继续自己的人生。

一个成熟的人，永远不会绝望。因为在他的心中就有一盏明灯，对漆黑的夜他从不惧怕。

正如王小波说的：人生在世，无非就是弄明白一些道理，遇见些有趣的事。若能如我所愿，此生便算是成功。

你没有哀伤、哭泣的必要，生活本就是一本苦难经，而我们要做的就是永远向着光明。

//

也许每个人都相信，经过自己的努力，总有一天可以破茧成蝶，拥有比别人更多的魅力，但想要有此收获就要能承受住更多的痛苦和煎熬。

没有人的成功是偶然的

我们所过的每一天，都是在为将来的成功打基础。努力把握每一天，将来才有机会获得成功，如果你虚度光阴，只会让自己和成功的距离越来越远。

我们经常会羡慕别人的成功，特别是那些各方面条件和自己都差不多的人，尤其是同事、同学等。我就有这样一个同事因业绩非常突出，经常招来其他同事的嫉妒。

“我比他更努力啊，上天真是不公平！”“凭什么是他啊……”“他只是运气好而已……”

我常常也会遇到一些各方面条件都很优秀的人，但我从不认为谁的成功是从天而降，偶然得来的。也并不能说就完全没有偶然的因素，但这并非决定性的因素，更不会是全部。

我见过许多保安，但只有一个令我印象深刻。

他的工作就在我们小区，小区的人喜欢叫他小张，他是保定人，二十出头，身材不算高大，白白胖胖的，平时寡言少语，每次看到人，只是羞涩地一笑。

小张一天到晚都抱着一个智能手机，但不是在煲电话粥，也不是看电影玩游戏，而是听音乐，并且他还喜欢单曲循环，一首歌，百听不厌。

小区里有些不知道他名字的，提到他就会说“那个喜欢听歌的小伙子”。年轻人嘛，喜欢音乐是很正常的，虽然他已不是简单的喜欢，但这爱好无伤大雅，也没人说什么。

很多次经过小区门口，总能看见小张坐在那里，有时托着腮苦思冥想，有时却拿着笔奋笔疾书，但有时却傻傻地抱着笔记本发愣。别的保安闲来没事聊天时，他却从不参与其中。

看到他这奇怪的行为，我实在忍不住便问他：“你每天在写些什么呀？”

听到我的问话他有些难为情地挠挠头，说：“写歌词。”

听到这些，我有些吃惊，却又开始为他担心，作为一名草根，写歌词，只能是自娱自乐，还能有什么别的收获呢？

小张似乎看出我的疑虑，激动地说：“我相信总有一天，我写的歌会被大家所熟悉！”

时间久了，慢慢地，我和小张也熟悉了，这时才知道，他经常会把他写的歌词放到网上，还拿来参加各种大赛，甚至还把歌词寄给音乐公司。

对他的这些举动，我始终担心着，一个小小的保安，会有成功的机会吗？

可结果却出人意料，成功真的降临了，小张写的歌词，先是参赛获了奖。后来，还有人谱曲在电视上唱，这时的小张已经小有名气，开始有人开出不菲的价格找他写歌词。

我从来不敢想，一个小保安业余时间写歌词，还真的改变了他的命运。但我相信，成功的背后并不是偶然，他在努力过好生活中的每一天，为将来的成功打下坚实的基础。

还有一个故事，是关于我朋友亲戚家的孩子，她的事也让我感慨万千。

女孩叫小杰，普通家庭出身，长得也不是特别漂亮，但身材很高挑。

小杰从初中的时候就想当一名空姐。然而，别人却说她的理想不现实，想当空姐，谈何容易，为此小杰常常遭到他们的嘲笑。更何况，她家也没有在航空公司工作的亲戚朋友。

一些不怀好意的人说小杰就是“癞蛤蟆想吃天鹅肉”。还有人劝她：“你还是现实一些吧，将来找个文员或者会计的工作，可以过得安安稳稳的。”

但小杰并没有因此而放弃自己的理想，她坚持己见，每天都按空姐的标准要求自己，挺直腰板，坐凳子只坐三分之一，时刻都像一只骄傲的白天鹅。她告诉自己时刻都要保持优雅的状态。

她为了将来体检时合格还每天坚持锻炼，跑步，做仰卧起坐。

为了能够保持好身材，她还坚持节食，不管是多么爱吃的东西，她都按量进行，晚上不管多饿，都坚决不吃夜宵。她说，只有这样将来在众多人选中才能脱颖而出。

一天她的阑尾发炎，医生说要手术。而她却听说做过手术后就不能做空姐，就说什么都不肯做手术，坚持打针吃药，把一家人都急疯了，这多危险啊，可她硬是挺了过来。

小杰还了解到，想要做空姐，上空乘学校就是最好的方法。于是她便早早锁定了将来要上的学校，为了能考到理想的学校，她每天埋在书山题海里，一刻也不耽搁。

经过她不懈的努力，终于如愿以偿。在两年后的实习期，有航空公司到学校招聘。实习期的待遇很差，并且上班的地方和家的距离很远，对这样的机会很多同学都不重视。而小杰却非常重视，第一时间报了名，并为面试做着各种各样的准备。

功夫不负有心人，在面试中她脱颖而出，成了一名真正的空姐。虽然还只是实习，她却时时严格要求自己，认真对待每件事。一年后，她和公司正式签约，她一直坚持的梦想终于实现了。

对于小杰的成功很多人都羡慕她，说她运气好，一个普通的女孩子，居然当上了空姐。然而对于小杰日复一日的努力和准备又有几个人知道呢?

成功不是偶然的，不劳而获的成功我没见过。你所过的每一天，都是在为将来的成功打基础。努力把握住这每一天，将来才有机会获得成功，如果你虚度每一天，只会让你和成功的距离越来越远。

只有在安静中，才能沉淀出力量

刚刚翻看朋友圈看到久未露面的表妹有了更新。“在云与山之间，聆听风的声音。”搭配的是一张深山寺院，苍松古柏，青石板，一缕阳光从树梢透入，点点落在石阶上的图片，相得益彰。此时的表妹，又开始了在寺院中进行的一年一度的静修。周期为一周，这七日内不能说话，只能默默观察和保持沉默，与别人不得不沟通的时候，可以用纸笔代言。但是，你可能想不到的是，三年前的她可是忍受不了片刻的宁静和沉默。在任何一场朋友聚会上，她总是话最多的那个，从头到尾嘴巴好像从未停歇过；下班回家，也无法容忍片刻的寂寞，一个人总要不断地发微信、发QQ，刷微博，群聊就有三五十个；她回到家的第一件事就是打开电视，并且把音量调到最大，这样做饭的时候也能听到主持人的嬉笑怒骂和插科打诨。

曾经，表妹把这种热闹视为一种自豪，是自己存在感的体现。她在一家大型企业做营销工作，这一工作非常适合她这种性格外向，有表现力的人。

然而，她的这种自豪感很快便破灭了。在一次相亲的饭局上，男方是博士学历，在高校任讲师，瘦高个、性格内向、沉默寡言。从形象到性格，两人都显得格格不入，甚至表妹的年薪比他还高出两倍，可这个丫头却偏偏相中了对方。

性格豪放的表妹毫不掩饰地和介绍人表达了愿意继续交往的意愿，表妹对自己很自信，毕竟自己年轻貌美，时尚、聪明又能干，收入也高，她以为对方一定会主动来联系自己呢。可万万没想到，介绍人嗫嗫嚅嚅，带回了“不太合适”这样一个回复。表妹很没面子，也觉得难以置信，非要问个究竟，介绍人拗不过才说了一句：“人家说，你不够安静，显得太吵了。”

公平地来说，妹妹性格乐观，叽叽喳喳，并非缺点。每个人性格都不一样，有乐观外放的，有沉静内敛的。这原本只是很小的一件事，但对于从小到大受尽夸奖和宠爱，一路绿灯的表妹而言，这件事就如同是豌豆公主七层垫子下的一粒硬豌豆一样，让她寝食难安，很快就瘦了一大圈。她实在打不开自己的心结，于是便休了年假，来到了北方一个著名的禅宗名刹，参加这里的禅修营。

事后很久，表妹跟我说：“归根究底就是为了赌气，觉得没面子。”“他不是嫌我吵吗？那我要变得安静，让他看看我文静淑女的样子。可是生活的环境就是这样啊，各种讯息满天飞，安静下来就想拿出手机，发个微信，刷刷微博，或者在淘宝上逛逛。但突然一想到，这可不行，会被别人看扁的，于是就在网上搜了一个禅修营，第二天便坐飞机飞了过去。”

禅修营名副其实，有着非常严格的规章制度，表妹刚报到，手机、钱包和iPad等电子设备就被统统“没收”了，宽大飘逸的海青取代了时尚妖娆的衣裙。对于这一切，刚开始她还觉得都挺新鲜，但没过多久，她便开始有些不适应，甚至如坐针毡了。

“我经常不由自主地去口袋里摸手机，却发现衣服上连兜都没有？这才低头一看，哦，原来这衣服根本就没兜儿；禅修的时候要求数息，一呼一吸算作一次，一轮数息为21次，我怎么能老老实实静下来去数自己呼吸的次数啊，满脑子里面都是业绩、项目、效益、奖金这些，或者就是当下热播的电视剧；每一堂禅修之间会有20分钟的休息时间，但也有严格的规定，休息期间任何人之间不能交谈，可我总是记不住，一个不注意，话就脱口而出；规矩最严的时候是在吃饭时，全程不得说一句话，义工送来粥饭，如果粥稠一点的话，要把筷子竖着放，稀一点的话筷子就要横着放，吃饭时要绝对安静，不能发出一丁点的声响，更不能站起来，一旦站起就视为吃饱了不能再吃了，而且，三餐外除了可以喝水外，不可以吃任何东西，水倒是随意喝……”

对喜欢热闹的表妹来说，这样严格的规矩简直就是一种“酷刑”。在刚来的前四天，她一天到晚都在琢磨如何能弄点钱出来，然后翻墙出去买点烤串慰劳慰劳自己。她天生骨子里有一股倔强不服输的劲儿，要不然早就打退堂鼓了。

然而，这一切在第五天发生了改变。经历了四天如坐针毡的盘坐，她的腿终于不再感觉酸痛，不知不觉中，她竟很自然地完成了一轮呼吸。

虽然时间很短，也就一分多钟。但就在这一分多钟里，好像外界的声音都消失了，万籁俱寂，而她只看到了自己，真真实实的自己。“我们生活在一个信息发达的世界里，在信息的海洋中逃避问题已成为我们的一种惯性行为。加薪了，约上所有朋友去KTV；失恋了，疯狂刷美剧；无聊了，打一盘游戏……我们从未能真正地安静下来，与自己独处。”表妹告诉我，这是她当时的体会。

七天的禅修营结束了，表妹被没收的东西一一归还。手机上堆积了上千条QQ、几百条微信和几十封的工作邮件，如果是以前，她一定会为自己错过这么多讯息而焦虑。但此刻，她忽然觉得真的没有那么重要，也没有必要什么事都自己处理，生活节奏慢一点也挺好的。

回到公司后，表妹看起来和以前没有多少的改变，还是风风火火，办事干脆利落。她能精准地看到客户的真实需求，并快速高效地为双方找到满意的答案。她依旧聪明能干。

然而到了家里，她似乎完全变了一个人，下班回家的她，不再是立即打开电视，而是点上一炷檀香，播放一曲古琴，在舒缓的节奏中细致而放松地做饭、整理家务。她开始每日阅读——打开一盏落地灯，在轻柔的灯光下，读一本优美而经典的书籍，使自己的内心更加充实丰盈。

这时，我才了解到安静的力量，它是巨大的。“印度圣雄甘地，他的性格非常内向，是典型的内向型人格，他曾经每周都会抽出一天来不说话，他坚信沉默可以给人带来内心的平静。他沉默时，所有的交流就是靠纸和笔。他从37岁开始的三年半里，拒绝读报纸，因为在他看来，相对于内心的不安，尘世的喧嚣更加不堪。”

“还有1955年，黑人女裁缝罗莎·帕克斯在公交车上因拒绝给白人让座，被捕入狱。因为她的勇敢，美国黑人开始团结起来反抗种族歧视，最终赢得了与白人平等的权利。事实上，现实生活中的罗莎是一个身材矮小、说话轻声细语、羞怯又谦卑的女人。描述一个人怎能是既羞怯又勇敢呢？罗莎写了一本自传，其实书名就是问题的答案：《安静的力量》。”

表妹面带微笑，语气温柔地向我述说着这些典故。这是她的感悟，也正是此刻我想要说的话。

我们生活的这个时代节奏极快，充满着诱惑和光怪陆离的现象。我们很难在为生活、工作、家人而忙忙碌碌，闲下来的时候，关爱自己，审视自己。然而，越是忙碌的生活，越需要我们在安静中汲取能量。在成长的岁月里，如果你有过安静的体会，它将会成为一生最美好的记忆和坚持下去的力量。

浮躁对立的是安静，而浮躁来自对欲望的追逐。当一个人抛弃了所有的欲望时，向内观照，就会获取一种内在的力量，让自己安静下来。正是有了这种力量，无论外界如何斗转星移、风云变幻，他都能踏踏实实，一步一个脚印，笑看人生的各种波澜起伏。

到了结尾让我借用一下诺贝尔文学奖得主、著名诗人泰戈尔的一句吧：“外在世界无穷无尽地运动，证明了在这里没有我们想要实现的目标，所以目标只能在别处，即在精神的内在世界里，在那里，我们最为深切地渴望的，乃是成就之上的安宁！”

是的，也只有安静，才能够让你听得见自己的心声，才能够让你“看清”别人。

//

我们经常以为，得到了柔软而丰盈的花朵才是荣耀。其实经常奔跑后才懂得，美丽的花瓣可遇不可求，唯有那些容易让人受伤的刺，才会让我们快快长大。

要有一颗充满力量的心

我们经常以为，得到了柔软而丰盈的花朵才是荣耀。其实经常奔跑后才懂得，美丽的花瓣可遇不可求，唯有那些容易让人受伤的刺，才会让我们快快长大。

林萧是一个含着金钥匙出生的女孩子，从小就娇生惯养，四周的人都溺爱她。身边几乎所有人的迁就让她有了很多坏毛病。在大学毕业时，亭亭玉立、光芒四射的林萧说话却总是丝毫不顾忌别人的感受，随便出口伤人。

一个朋友好心地提醒她说：“你这样下去，早晚要吃亏的！”

那时的林萧怎么能听进去呢？便立刻反驳道：“凭什么要你管，你不想活了吗？”

林萧非常美丽，所以一直不乏追求者，但她却发誓一定要嫁给有才又有钱的人。她注重物质享受，伤害了不少追求者的心。

她的周围不免有人对她指指点点，但最终她还是得偿所愿，找到了自己心目中的金龟婿。

然而，接下来的日子却只是刚刚打开狗血剧情的序幕。婚后的甜蜜生活没过多久，在她孕期，挺着大肚子时，她的丈夫和她的闺密搞在了一起，这对她来说无疑是个晴天霹雳。

心高气傲的她自然要选择离婚，她一个人去了国外，还带着年幼的孩子。几年后，当她再次出现在我们面前时，几乎完全变了一个人。

她穿着白色的麻布裙，气质柔和，浑身上下和举手投足之间都散发着令人舒适的感觉，现在的她比以前更漂亮，但少了蛮横和娇气。看着她脸上温和的笑容，大家真诚地拥抱了她。

她却自嘲道："你们肯定没想到我还能活着回来吧？大家都还好吗？"

她显得彬彬有礼，待我们都坐下后，她才在一旁坐了下来。

对于她的经历我们无人敢提及，可她却早已不在乎地说起她在国外的生活："我自恃英语很好，可到了那里，才发现完全是个菜鸟，根本无法和他们进行交流……回头想想，自己竟然活下来了。

"那时我找了一份送货的工作，一手拿着菜，一手提着货物，还背着我的女儿……到了晚上，我还要为入学考试认真看书。真不敢相信我居然还能毕业！

“并且在国外，我差点就又结婚了，可他是个外国人，这点我一直无法接受，不是我挑剔，只是我有自己的原则而已。”

身边的朋友问：“那么艰难，怎么不回来呢？”

“那时怎么能回国呢？我心里一直想，不混出个样，我坚决不回来。但是，我现在来见你们，也不是因为混出人样了，只是我勇敢了，哈哈哈……”

林萧回来的那晚，所有人都细心聆听着她绘声绘色地描述她的经历，充满了心酸和尴尬，却都被她诙谐的一笑，一带而过。

所有人都夸赞道：“你还是和以前一样美丽，惹人怜爱。”

可她却笑着说：“我和以前不一样了。以前我过于关注自己，处处要求别人迁就和宠爱自己。现在，我认为只有做了值得人心疼的事，才有让人疼爱的资格。”

“那你还记得你以前……”

“过去的事情就不要再提了，那时的自己满身是刺，现在我已在努力地改正。”她继续笑着说道。

不知道为什么，那天晚上，这个饱受历练的林萧让我们格外感动。这时的她真实而不造作，拥有美丽却不再引以为傲，充满勇气却不再盛气凌人。偶尔她低头微笑，还如少女时那般莞尔羞涩，却早已没有了那时的傲慢与浮夸。

时光是一把拥有魔力的化妆刷，每个人的容颜都要经过它的精雕细琢，而想要美丽永存，其秘诀则是一定要拥有一颗充满力量的心。即便你的人生是一副烂牌，只要拥有智慧和力量，同样也能拥有美好的人生。

感动的同时，我真想时光能够倒流，回到过去，拥抱那个年少轻狂的林萧。

任何东西都有保质期，禁不起等待

我之前采访过一位赛车手。那时的他很年轻，性格内向，不爱说话，总是皱着眉头，一副老气横秋的样子。在对他的整个采访中，我们几乎无法和他进行直接交流，都是他的助理在与我们说话，他戴着鸭舌帽，又酷又帅，微微低着的头好像在想些什么。我想，他应该沟通有障碍，也不是故意耍大牌，可能本身就是这样的低调吧。

对于他来说，作为一名赛车手，绝大部分的时间不是在车里，就是在健身房中。我问他平时有时间让自己放松吗？助理在一边代他回答："他喜欢听音乐，除此之外，别无其他。"

他这么年轻，对于这种生活状态，我有些不理解，我问："为何要对自己如此苛刻呢？可以和其他的年轻人一样去好好享受生活啊！"

助理刚要回答，却被他抢先一步说道："在我看来，享受生活，包括爱情、友情、亲情这些，都是以后的事！时间还有很多，现在没必要去想那么多。”

他的助理紧接着解释道：“他只是不想浪费时间，只是想等到有资本时，再去享受旅行，再去享受恋爱，再去享受生活，再去享受……他不想虚度光阴，把时间浪费在那些上面。”

助理连续说了好多个“再去享受”，但在我听来这种预期中的场景完全就是痴人说梦，并且遥遥无期。当然，我也懂得他说的意思。这位赛车手惜字如金、惜时如金，他一直在努力追求自己的成功，坚定地认为只有功成名就后才有资格去享受美好的生活。在奋斗的路上，一切可遇不可求的安排，都像是上天对他的考验。

这位赛车手年轻有为，长相英俊，自然有很多女生喜欢他，崇拜他，但都被他拒之门外。不是他不喜欢或者没有任何感情的冲动，只是他认为现在还不是谈恋爱的时候。

他去过很多城市，却都是为了工作，从未真正地旅游过，放松过。即便有闲暇时间，他也只会选择听听音乐。他觉得与人交往，心累，还要花费大量的时间，得不偿失。

他的时间只用在自己身上，他从来没有时间去陪别人，好像他生活的世界也只有他一个人，他不愿与外界有过多的联系。人生赐予他的美好，像是种种诱惑，有时身临其境，有时怦然心动，有时擦肩而过，有时宁可错过。他的内心也会有涟漪，却从不停留，哪怕错过成了遗憾，他也不会选择回首。

我真的很想问问他，对自己如此苛刻，真的好吗？一定是正确的吗？

等等，等等，再等等，是否等待就能让我们如愿地迎来更好的自己？我们是否想过，也许到了那个时候，对眼前的一切我们还是否有勇气去接受，是否能够真的坦然地去享受？

“我一直在等一个合适的时间再和她结婚，等她完成学业，等找到合适的工作，等在北京买了房子，等到我事业有成时……结果，还没有等到那个时间，她却跟别的男人走进了婚姻的殿堂。都说女人长情，原来都是骗人的。”易阳每次醉酒后，总会哼唱起林志炫的经典《单身情歌》：“找一个最爱的，深爱的，想爱的，亲爱的人来告别单身……”

很长一段时间，在我们这一帮朋友聚会时，都不敢约易阳出来，不是怕听到他的倾诉或者抱怨，只是担心自己以后再也不会相信美好的爱情。毕竟，在过去的七年里，他们一直是让人羡慕的一对，拥有过无数的幸福时光。那些美丽的誓言和缠绵的时刻，都是那么的真实。可她却选择了离开，但这并不是谁的错，怪只怪时光流逝，而他却没有发现她已经没有力气再等待下去。

一次酒后，易阳流着眼泪感慨：“每天都在忙，直到分手了，才发现连一张正式的合影我们都没有，我都不知道自己在忙什么。”

而他的前女友也感慨：“说起来大家可能不相信，在一起了七年，赚了那么多钱，那么长的时间，却从未一起旅行过。还记得刚毕业的时候，我们相约一起去拉普兰德，看那里的冰雪女王和她的加伊。可没想到，这个愿望，却是跟现在的他一起实现的……”

在她不连贯、断断续续的讲述中，我捕捉到了这些信息：她决定要嫁的这个人，并没有易阳帅气，也没有他优秀，只是她要嫁的这个人能记住她的每一句话，关心她的每一个异常举动，还会努力帮助她去实现她的每一个心愿。

他们两人都是我的朋友，看着他们恋爱，看着他们分手，看着这段感情覆灭，看着她最初是如何热切期待地想和他终身厮守，又是如何变成了最终的绝望，决然地离开，而这一切变化，他却浑然不知，依然觉得工作才是最重要的，依然把全部的心思放在创业上。

“我不明白，我一直努力都是为了她，为什么在我最需要她的时候她却离开了我。”易阳痛苦地说。

“那你有没有想过，她已经陪了你七年，在这七年里，只要你求婚，她都会答应。”我问道。

“可我什么都没有，拿什么给她幸福？根本不是结婚的时候。”易阳解释道。

可能，那个你所认为的重要时刻就是她也认为的吗？你在乎的东西，她一定就会在乎吗？现实的可怕之处在于，经常到了我们认为的最佳时间时，却不承想，生活中最美好的际遇早已不在了。

可能，我们永远都没有完全准备好的那一刻，很多期望中的成功，好像都是“只欠东风”，若等到万事俱备，却没有东风，这才是真正的遗憾。

你的信箱里可能有永远也不敢打开的面试邀请函，不是不喜欢，而是不敢去尝试。因为你认为自己的实力还没有达到那个职位的要求，还没有准备好，即便去了也只是碰壁。而你永远不知道，你缺少的只是勇气。

在你的手机里，多年来一直存着一个手机号码，却从未拨通过，虽然你在心里幻想了无数次重逢的场景，你会说些什么，但你却一直不敢表白，认为自己还没有准备好，并且他也不一定就对你有感觉。也许你不知道，自己缺少的只是表达。

每一段相遇，都是在对的时间，遇到对的人，都是心灵的久别重逢，都是值得珍惜的他乡遇故知。对的人，可能就是身边对你最好的那一位。而我们只是在等待机会，也许只是一个转身就是机缘。我们固执地认为，只要等待总是对的，于是，美好的岁月就这样在等待中被消耗掉了。

为何不趁现在，彼此都心存期待的时候，去尽情享受，去感知爱情。为何要等到彼此都精疲力竭之时，再去抱怨对方不知道珍惜。

在这个世上，任何东西都有保质期，当美好的期待布满尘埃，当我们失望时，才知道等待就如同土壤中永远不会发芽的种子，它害怕失败，缺乏破土而出的勇气，也没有承担责任的魄力。

那些所有准备的努力都会显现

曾经周末去看电影《钟馗伏魔》，虽然剧情老套，表演晦涩，让人看到一半就想退场，但其中的一句台词却令我感动，雪妖问钟馗："等了前世，又等今生，你认为值得吗？"

钟馗说："只要我认为值得那就值得。"

听了这话，雪妖感动了，泪流满面，这一对相爱的死对头，也终于因为这句话有了缓和的余地，这段凄美的爱情也因为这句话变得更加美好和让人动容。

当然，我现在不是想讨论这部电影。我想说的是一个现象，人越是在最爱的人面前，就越容易纠结拧巴，越没有底气，去纠结做这件事到底值得吗。在我看来，多数人在想这一问题的时候，往往只是想找个理由让自己继续坚持或是放弃。就像，雪妖她之所以这么问，她就是想知道在钟馗的心里到底还有没有自己，以确定自己是否还要坚持下去。

我曾经在一家配饰设计公司上班，公司的老总佩姐和林工是我见过的最精致的完美主义者。他们完成的项目都是那种高端大气上档次的，所以，每次在拿到新设计项目时，我们都捏一把汗，比较紧张。

有一次，我们接到了一个比较大的设计项目，在接手的时候对方已经说了喜欢北欧简约的风格。但老总还是让我们做了三个设计。在坚持最后一个备选设计时，一个女孩来了例假，肚疼难耐，一边喝着热水，一边擦汗。她开始抱怨说："人家已经提了要求，为什么我们非得做三个版本的设计呢？人家要求什么咱们就做什么不就可以了吗？为什么还要做备案呢？"

对于这个疑问，我们都有，所以都没有回答她。确实让人难以理解，既然人家说了想要的设计风格，为什么我们还要在备案上浪费时间和精力呢？

但这是佩姐和林工一贯以来的工作作风，为的是以备不时之需。

后来，设计完成去甲方那里汇报时，他们对我们做的那款北欧的设计并不满意，正在失望之时，佩姐迅速拿出我们的备案，向他们做了介绍。没想到就是备选方案得到了甲方的认可，我们才获得了这次与甲方继续交流的机会。

走出汇报厅，我们长长地舒了一口气，感觉轻松和畅快极了。此时我们庆幸之余，更是佩服佩姐和林工的高瞻远瞩，多亏了准备充足，要不然这个项目的结果就很难说了。

后来，我离开了那家配饰设计公司，但每当需要让我准备提案的时候，我都会多做几个以备不时之需。并且好多时候，恰恰就是备选的那些方案被选中，一次次地拯救了我。并且在提案的时候，多准备两份，他们才会觉得你真的尽心了。

我发现生活亦是如此，有人读本科的时候会修读第二专业，而有的人一边上班一边攻读在职硕士，其实这只是为人生多准备了一条路，不要问它是否有用，不要考虑是否值得。只要你努力了，总有一天，这些准备的功力都会显现，会给你带来意想不到的收获。

我有个朋友在杂志社任职，他是名摄影师，他喜欢浪漫的法国，所以一直想去学法语。

每次那位漂亮的法语培训中心的客服给他打电话，他都像是打了鸡血一样，兴奋不已。后来他下定决心要去学法语，并且一定要学好，将来有机会了要去法国去欧洲转转。在他下定决心的那晚，他沉醉在自己的人生目标里，甚至开始有些崇拜自己。

然而，当他第二天对大家说出自己的想法时，朋友们都哄笑道："别逗了，学了二十多年的英语你还没学好，现在还想学法语，法语很难的，你简直异想天开啊！"

"你有没有想过，这个事是否值得你去做呢？"

"你做这件事情有意义吗？"

"你要真想学，也可以去试试，不过我估计你肯定也学不会。"

有人试探、有人冷嘲热讽、有人劝他放弃……瞬间这位摄影师的信心消失殆尽，他把朋友的话听进去了，是啊，学了二十多年的英语，现在能脱口而出也只是几句常用语。法语对自己来说，完全就是零基础，是一个遥不可及的梦。

于是，他自嘲了一会儿，便把学法语去法国的愿望给搁置了。

后来，那个培训中心的客服再打来电话，他都不敢接了，因为他害怕听到那温柔的声音，或许朋友说得也对，这些培训机构就是说得好听，一旦钱交了，还不一定是否能学到真正的法语呢！

但这位朋友还是不甘心，后来他从网上买了很多法语书，还决定多看一些法语电影，他想自学成才。当然，这都是后话，实际上，他买的那些书几乎都没翻过，更没看过一部完整的法语电影。

转眼过了大半年，他所在的杂志社接了一个新项目，要去法国拍摄时尚大片，大家都不约而同地想到了他。朋友娇羞地低下了头："可我不会法语。"

同事们说："没关系，社长肯定会给你配个翻译的，听说这次还要在法国待好长时间呢。这次你的法国梦可以实现了，真好。"

朋友听了后高兴极了，是啊，自己多年的法国梦终于能如愿以偿了。

就在大家都认定这次非他莫属的时候，社长却私下告诉他，考虑到他不会法语还得配翻译，所以他们决定重新外聘一个摄影师。

这个时候朋友追悔莫及。他后悔没有坚持自学法语，后悔自己没有主见，梦想是自己的为什么要听从别人的意见。

事情的价值都来自我们的内心，当你认为这件事值得的时候，那就坚持努力去做，如果你总是在纠结是否值得，你失去的不仅仅是一次机会，而是那个勇敢无畏的自己。

在我们刚到北京的时候，就有一个朋友发誓说，将来一定要在北京买一套属于自己的房子，一定要混出个人样。当时听到他这么说，我们谁也没有当真，只当是一个笑话。毕竟这些话听起来简直就是痴人说梦。

一个刚刚毕业、家境一般的大学生，却想在北京有自己的房子……私下里我们几个还在想，你还是先稳定了再说吧，别到时候落荒而逃就行了。

然而，这个发誓的朋友意志却非常坚定。在我们拿到工资就知道吃喝玩乐、买衣服、旅行的时候，他却仍是努力挣钱，从不舍得浪费一点点的时间和金钱。

我们几个笑问道："青春就这几年，你这么拼命，白白浪费了大好青春值得吗？"

而他每次都会认真地说："为了买房，我得努力工作，努力挣钱！"

几年下来，他真的实现了自己的愿望，在五环外用公积金贷款买了房。而现在，当我们在为我们的第一套房拼搏时，他已经准备换第二套房了。

永远不要过多地考虑做这件事是否值得，是否能成功。虽然我们看不到遥远的未来，但我们却可以凭借自己的双手创造美好的明天。

只有你对某件事充满了憧憬，才会决定去做这件事，那么怎么忍心再去打破这种愿景，让期待成为泡影呢？

每次我们都会充满力量，心潮澎湃地为自己设定新的目标，认为自己马上就能实现它。但事实上，对于很多人来说，这时信心百倍的力量，恰如星光闪烁，很难长久。只愿此时的星光，能长久地陪你走下去，直到你懂得对一路上的风雨心存感恩，对一路上的喜怒哀乐心存感恩，也正是由于这些不同的经历，才成就了今天不一样的你。

没有人的成功之路会一帆风顺，我们总会遇到各种各样的磨难和不幸，但是一定要努力坚持，不要忘记前进的方向，一步一步向着远方的目标前行，哪怕坎坷，哪怕泥泞，哪怕伤痕累累，也要心甘情愿，昂首前行。

只要努力，世界便不会辜负你

一个人在遭遇人生困境时，承受能力有多强？

大学毕业之前，我从来没有考虑过这个问题。

大学毕业之后，当进入社会，面对真实的生活时，我发现我和我的同学、朋友接二连三地都遭遇了命运设置的或大或小、或多或少的障碍。这些障碍来势汹汹，且来者不善，它让我们不停地感受到沮丧、失意、焦虑和茫然。

也许，这只是命运对我们的考验，不同的人会做出不同的选择——有人选择努力，在困境中泥泞前行，跨过了这些障碍，最终收获了幸福；有人茫然四顾，不知道路在何方，或者停在原地，障碍终于成为一道无法逾越的鸿沟，让人生在此止步不前。

那么，如何才能成为命运垂青的幸运儿呢？

努力！只要你去努力，世界便不会辜负于你。

命运，不是什么神秘的力量，它遵循一种因果循环。选择努力还是懈怠，命运就呈现出截然不同的结果。

有一句颇为有名的励志名言："命，是失败者的借口；运，是成功者的谦辞。"成功者说自己命好，其实是谦辞，因为他心里最清楚，自己的幸运和成功，其背后付出了多少代价。失败者说自己命不好，更多是一种借口，心里却后悔为什么当初没有拼尽全力去努力？

我的大学同学小楠出生以后，因父母工作忙碌，从小被放在农村的爷爷奶奶家，长期和父母分居。16岁时，才跟父母团聚，比她小8岁的弟弟已经习惯了独占父母之爱，一直很排斥这个姐姐，她和父母之前因常年不在一起，感情很是淡漠。可想而知，她从小的家庭生活并不幸福。

22岁，她和相恋多年的男友结婚。26岁，她发现家庭中出现了第三者，痛过哭过后，毅然决然地离婚了。

后来，她去了外地，带着年幼的女儿一起在异乡生活。

我曾经以为，人心装不下太多的苦，而这种看法却在目睹闺密这几年各种心酸的经历后，土崩瓦解。

我想抱抱她，给她安慰，可是我什么都没有做，因为她根本就不需要。

在很长一段时光里，她不受命运宠幸，遭遇种种磨难，但我没有听到过她任何抱怨。她在朋友圈经常发布她的状态。

"今天陪女儿去学跳舞，我也跟着学习，感觉棒极了！"

"业绩竟然超额完成，实在太高兴了，一定要犒劳自己一顿。"

“雨后去散步，看见了晚霞，太美妙了！生活啊，你怎么对我如此厚爱……”

你看，冰冷无情的命运没有阻挡她努力的步伐。

有人说，经历过苦难，人会因为思索而改变很多；也有人说，人是善忘的动物，再大的伤痛，也会很快回归到琐碎忙碌中，被平淡的生活所冲淡！

是不是听起来有些矛盾？

其实都对，也都不对。

也许每个人的生命中，总有不受命运待见的时光，而生活的意义不在于如何抗拒或拒绝这些不受待见的命运，而在于不管命运如何残酷，都要扛得住，不能任由它摆布，要努力活得让它喜欢你，或者对你无可奈何。

微笑着坦然地面对一切，不停止努力的步伐，对自己负责到底。只有这样，才能让我们达到所期望的人生高度。

无论何时，都要坚持梦想和渴望

在我们的生活中，对于那些到了30岁还没有结婚的姑娘，就会被冠以“剩女”的称号，会遭遇逼婚或者同情或者嘲笑。如果你正好也是这种老姑娘，或许你觉得这没有什么，但你对身边那些七大姑八大婆的唠叨会无所畏惧吗？

你觉得自己事业有成，有着自己的梦想，你喜欢一个人享受午后的阳光和下午茶，你也完全有能力把自己的生活打理得井井有条，感觉一切就这样挺好的，但总会有人对你说你是什么都好，可就还是单身。在听到这个的时候你可能会突然心里一动。你也会想，自己是否真的到该结婚的时候了，可是这么长时间连恋爱都没有谈过，现在去哪找个男朋友呢？相亲吧，感觉不熟悉自己也不喜欢；自己谈吧，感觉没时间没心思，于是一向骄傲的你此刻也陷入了两难的地步。

其实，姑娘，你没必要去害怕什么。

只要幸福是真的，就算来得晚点也没关系。

岁月也不会辜负你，它不过是来得晚一些而已。

但亲爱的姑娘，不管你多少岁，你都应该保持勇敢无畏的状态，你还应该是那副天不怕地不怕的样子，只要活出真实的自己就好。我想，这应该比什么都重要。

去过台湾“诚品书店”的旅客，都会被它那无限的魅力所折服。一家书店不仅能吸引游客，还能带动当地经济的增长，这才是真正的成功，真正的名利双收。放眼望去，能够有此成效的可谓是凤毛麟角。

在台湾“文案天后”的李欣频代表作《诚品副作用》中有这样一篇文案：“过期的菠萝罐头，不过期的食欲；过期的底片，不过期的创作欲；过期的Play Boy，不过期的性欲；过期的旧书，不过期的求知欲。”这一充满创意的文案作品让许多粉丝至今仍是喜爱有加。

李欣频是一位成功的女性，现在已经40岁了，仍旧孤单一人，没有结婚，但她却把自己的生活过成了最美的履历：她坚持每天都读1本书，她已经游历了世界上30多个国家，平均每年看200多部电影，每一部还会做3份笔记——“一个是从广告角度，一个是从作家角度，另外一个是以老师的身份”。

她在印度认识了自己的前男友，因为他们都是台湾人，年纪又相仿，并且有着共同的爱好，都喜欢书和音乐。那时她以为，他们有着相同的精神寄托与追求，未来一定可以长长久久地走下去。但在一起久了，她才发现两个人越是相近，越容易产生摩擦。

是的，正是因为两个人太相似，所以才会对彼此有更高的要求，会不自觉地要求对方能明白自己的心理，一旦遇到事就会想："为什么我是这样想的，而你却不这样认为呢？"再如，她喜欢一样东西，心里便会想他一定会主动买给自己，但最后却没有。这时她就会想："你心里应该知道我喜欢这个东西，可为什么没有给我买呢？"心里有想法，嘴上却不说，总是让别人猜你的心思，直到实在忍不住情绪爆发的时候，男友会惊讶地说道：在我心里，这件事根本不值一提，为什么她会那么在意呢？

许多恋人之间都会出现类似上面所说的这种情况，自己认为对方会在意的，其实对方根本没有在意；而自己很在意的，对方却根本不在意。

李欣频说："很多人想通过婚姻找到一种安全感，那你就大错特错了，现在很多离婚的案子，都是因为想要在婚姻中寻找安全感，而最终却无法得到。所以不要想着在婚姻中找到安全感，如果你的婚姻是寄托在想要安全感上，那么这个婚姻80%都会走不到终点。因为你的结婚对象他不是一个固定的东西，也不是一个港口，而是一个活着的人，即便是你们已经结婚，他还是会接触到不同的人，或许他的兴趣也会改变。所以，如果你想在婚姻中得到什么东西，一定是要自己有能力给自己的，如果做不到，这样的婚姻基本都是失败的。”

生活中有多少的姑娘急着结婚，都只是想通过结婚来满足自己的欲望，甚至只是为了从对方那里不断地索取，但她却从没想过婚姻中的付出是相互的。

在《创作，是心灵疗愈的旅程》一书中，李欣频这样说道：“不害怕被抛弃，才能活得随心所欲；不要强求别人的保障，在没有负担的情况下，伴侣才能回应我们的爱。很多人都把爱情当作保障，害怕被抛弃，于是在所求与抱怨之中惶惶不可终日，而她与伴侣的关系也将很快变质，甚至使自己的婚姻走向灭亡。”

所以，只有两个人共同付出，不依赖对方，不随意找安全感，不斤斤计较，不要求单方面的付出，不一味地索取，才能建立平等的关系。

曾经看过这样一句话，“世界上能到达金字塔顶的只有两种动物，一种是老鹰，而另一种则是蜗牛”。现实中，并不是所有的人都能拥有和老鹰一样矫健而敏捷的翅膀，注定我们大多数人只能是后者。但是，现实是我们多数人只是成了蜗牛而不是一只努力上进的蜗牛。

当耗费亿万巨资拍摄的《芈月传》正如火如荼地放映时，我却被半路杀出来的网络雷剧《太子妃升职记》迷得头昏脑涨。和许多脑残粉一样，为了追剧，我也傻傻地心甘情愿地充值了乐视会员。这部雷剧在豆瓣的评分高达8.0，不管是戏里还是戏外都让人“中毒”之深，戏里饰演太子妃的张天爱，其实她的个人经历就是一部让人欲罢不能的励志史。在早年这姑娘刚进入娱乐圈的时候，她的戏份都只是一些配角，一直就这样不温不火的，那时的她，脸上还带着可爱的婴儿肥，正如那句“她并不是一个没有故事的女同学”一样，她也曾遇见过自己心仪的白马王子，但却没能和戏里的结局一样，和他牵手一生。

为了生活她还做过淘宝，做过店主，生活的拮据令人心酸。然而，生活的失意和失恋的痛苦，并未让她一蹶不振，为了减肥，她坚持吃了一年多的水煮青菜和水果，还每天坚持锻炼身体，把体重从原来的120多斤降到了90多斤，这样的决心、对自己如此狠心简直就是能量值爆棚。

刚开始从喜欢她的颜值与身材，渐渐地对她有所了解后，就被她的人格魅力所吸引，无论就哪个方面来说，这位太子妃给人们带来的都是满满的正能量。

不久前，一篇名为“如果我终将三十岁，那也是像陈意涵一样的三十岁”的微博在网络上风靡一时。文章里的陈意涵虽然已经30岁，但不管是身材还是脸蛋都如同少女般美好，而导致这一切的原因就是她每天都在做着同龄女人懒得做的事：马拉松，登山，跑步，倒立，等等。她对生活是如此的热爱，每天用自己的双手来拥抱阳光，这样的女人怎会显老呢？

总而言之，亲爱的姑娘，只要你不懈追求，不断努力，岁月便不会辜负你。

努力到无能为力，坚持到感动自己

一直幻想自己能够成为传说中考场里所向披靡的学霸，也曾幻想成为女同学心目中的高冷男神，也渴望过成为一个特立独行的追梦者……幻想过很多，然而遗憾的是我既没有成为学霸，也没有成为高冷男神；我成了一个再普通不过的平凡的人，一个即便没人为我鼓掌，也要坚持自己给自己掌声的傻瓜。对于此，我很庆幸。

生活中随处可见那些喜欢折腾的人，我自己便是其中之一。

也许，每个人都渴望安逸的生活。然而，只有死人才能获得真正的安逸。只要你还活着就应该活得朝气蓬勃、热气腾腾，那是一种正能量，让你充满阳光，让你积极向上。

我对我的学生时代非常怀念，尤其是那个长相平平的历史老师“省哥”。他那幽默的教学方式让我久久不能忘怀，尤其是他的那句口头禅“既然死后长眠，今生何必多睡”，一直存在我的记忆里。

那时，我们正处在高三这一水深火热的阶段，刚好又是夏天，酷暑难耐，炎热的天气总是让同学们无精打采、昏昏欲睡，有些甚至直接睡倒一片，而在省哥的历史课上尤为严重。但是只要他一说出他的那句口头禅，总能让昏睡的同学如梦惊醒，然后就像打了鸡血一样认真听课。所以，至今我一直深信，他的那句话具有神奇的力量。

高中时我们每周都会换一次座位，在一次把我调到中间位置的时候，小A便成了我的新同桌。小A虽为男生，但长相秀气，皮肤比女生还要白嫩，在那个男男女女几乎每个脸上都长了青春痘的时期，他的那张脸几乎妒忌死一片“痘男痘女”。在我的记忆里，小A同学虽然内向，话语不多，但只要一开口，总能语惊四座，他是那种只要有共同语言就很能聊的人。

在我的分类里，像小A同学这类男生应该属于闷骚型的，就是外表看起来不冷不热，内心却很丰富，画画是A同学的一大爱好，在刚开始分班的时候，他选择的就是艺术班，但由于他文化课成绩还不错，后来就到了我们班。他还有另一个爱好就是看漫画，他买的漫画都是那种原装进口的，还有一些精装版的画册，这些价格都是很高的。我记得他还买过一本100多块的精装版画册，在那时这一百块可抵得上我们一周的生活费了。

那时我和A同学都是在校生，我们每周的生活费和零花钱都是规定好的。我记得那时的一份快餐好像是4块钱，每天下午在我吃饱回教室的时候总能看到小A同学在吃2块钱一份的卷粉。这种情况看到一次两次倒没什么好奇怪的，可是连续好多天都可以看到同样的情况，我便很好奇，想问问他为什么。

后来，我和他熟悉了起来，我这才知道他每天下午只吃2块钱的卷粉，就是为了把余下的2元钱攒下来买漫画书。那时我觉得他真是能折腾。因为A同学的家庭条件还是不错的，为什么不直接向父母开口，而要这样省吃俭用呢？而我作为一个从农村出来的孩子，对他当时的行为实在无法理解，就觉得他是在瞎折腾。除了这，我还在猜想，会不会是因为他觉得自己是个男孩子，不好意思跟家里要钱呢。

记得有次上自习，我和小A同学一起看了一部动漫片《秒速5厘米》，这还是他用手机下载的，里面那唯美而伤感的情景令我至今记忆犹新，至今还记得里面有这样一句：“樱花凋落的速度是每秒钟5厘米，而我要以怎样的速度生活，才能与你重逢？”

那时的我对坚持画漫画、省钱买漫画的A同学和一个执着地喜欢着漫画家小畑健总是想不明白，但渐渐地我明白了，像A同学那样对某一东西能执着地喜欢着的人是幸运的，因为在他的世界里，没有孤单。可是，那件简单的买书事情，他为什么要如此折腾呢？呵呵，可能就是因为喜欢吧，除此之外，没有别的理由。

小A同学从小到现在一直在坚持着他的绘画，而我的写作也从高一一直坚持到现在的大四，快七年了。还记得高三的时候，那时我们的学校在郊区，而每个周末我们只有半天的休息时间，即便如此，我仍然坚持每个周末都去城里的新华书店看一下午的书。我感觉那时的自己，就像是一条迫不及待想要游进书的海洋世界里的鱼，对身边的一切都充满了好奇心。也就是在那时在书店看完了整套的《甄嬛传》《游记惊鸿照影》《绾青丝》《一路芳妃》等古代言情小说，还有《何以笙箫默》《离歌》《十年一品温如言》《告别薇安》等现代言情小说，还安静地看了《简·爱》《飘》《红发安妮》等，还有其他类的一些书籍。

对那段美好安静的时光我充满感激之情，下午的书店除了温暖的阳光，就是风吹帘动和翻书的声音。看着新华书店里唯一一排青春类书籍，那时的我是多么渴望并幻想着，是否有一天，自己的书也能出现在这里，到那时我该是怎样的感动与欣喜？

于是我就给自己定了一个目标：在大学毕业之前一定要出一本属于自己的小说。幸运的是，我已提前完成了这个目标，我人生的第一本小说在2015年5月出现在了全国新华书店的书架上，我依然记得当我收到编辑寄来的那10本样书时，心里的激动与忐忑。尽管没有一举成名，没有成为畅销书作者，但至少我圆了年少时期的一个天方夜谭般的梦。

我的这一做法没有感动到天，也没有感动到地，只是把自己感动了一回。

虽然没有出名，没有成为畅销书作者，难道就不再继续写了吗？不再坚持自己的梦想了吗？记得那时坚持每天2000字的连载，总会有读者不断催促想要看更新，他们不断地给我鼓励，让我加油。或许就是他们的鼓励激励着我，让我明白，即便只有我自己一个读者，我也要继续坚持下去。

纵然我只是平凡世界里一粒不起眼的尘埃，我也有自己的坚持，自己的渴望和梦想。

FOUR

比努力更重要的是坚持

那些让你感到不舒服的人或事，虽然不能给你带来快乐，但不要急着排斥它们；他们很可能成为你前进的动力，推着你一步步向前，让自己变得更加完美。

真正的超越
是能忍下所有的痛苦

那些让你感到不舒服的人或事，虽然不能给你带来快乐，但不要急着排斥它们；他们很可能成为你前进的动力，推着你一步步向前，让自己变得更加完美。

在我上大学时，私下里我们会称我们的英语老师为麦老师，可她并非姓麦。因为她的形象像极了《哈利·波特》里的麦格教授，比如，同样的不苟言笑，对任何事都一丝不苟，甚至顽固不化，她总是高高地抬着她的头。基于这些，我们给了她这个称号。

我们都不怎么喜欢上她的课，却从来不敢逃课。麦老师上课有个特点：特别爱提问，上她的课，被提问的概率是很高的，并且同一个问题，她常常会挑上四五个人回答，所以两节课下来，几乎全班的名字都会被点到，这也就是大家不敢逃课的原因。

麦老师还有一个特点就是：批评同学的时候会相当毒舌。不管是谁只要问题回答得不好，就会受到她强烈的批评，而她批评的话，可以说除了没有侮辱人格，什么话难听她说什么，而且经常一针见血，让挨批评的同学无地自容，恨不得找个地缝钻进去。

大学四年，只要有麦老师的课我们就感觉深陷地狱，备受煎熬，所以大家为了让自己好受，也会付出比其他课程多几倍的努力，在上她的课之前就算是最懒的同学也会捧着课本猛看一阵，现在回想起那段时光，真是苦不堪言。

但在毕业多年后的同学聚会中，好几个在外企工作的同学都说，作为本土大学的毕业生，在那种不是海归就是老外的环境下，自己在工作中还算游刃有余，这一点让自己很骄傲。

直到这时，我们才意识到，我们现在的成就，完全出自于当年那个苛刻的麦老师，也正是因为她的苛刻，正是因为她当年给我们极度痛苦的感受，迫使我们更加努力，才换来了今天的游刃有余。

筱茶毕业之后在北京找到了一份工作，所在的部门是一个刚成立的新部门，除了经理其余全是新人。经理是个中年男人，他非常喜欢一个人搬把椅子坐在办公室的最后面看报表。刚开始大家都以为他是图清静，后来有人在下班后在他坐的位置试坐了一下，结果发现，坐在这里办公室所有人的一举一动都尽收眼底。也就是说，经理选择这个位置就是为了实施对每个人的监督。

从那以后，只要经理坐在那儿，办公室的所有人一个个都如同打了鸡血一样，满血复活，全都自动切换到模范员工的状态。设计师自觉地将一个海报设计出三个版本，业务员的电话也是一个接一个地打着，而筱茶作为策划，就算暂时没有任务，也不会让自己闲着，查资料，研究对手公司的最新作品，或者学习行业内最新知识，等等，总之，没有一个人愿意闲着。

半年后，这个新部门竟然也签订了好几个单子，公司大老板公开提出了表扬。工作几年后的筱茶回忆这段经历，说正是这段每天远离舒适，逼迫自己努力工作的经历让自己形成了非常良好的职业态度和习惯，受益终身。

这个世界上，很少会有人对我们一直保持和风细雨的态度，包括父母也很难做到。尤其当你做得还不够好时，更是如此。也许当初他对你的指责那么严苛，那么针针见血。可是，多年以后，回过头来看，才慢慢明白当年那些让自己感到不舒服甚至痛苦的人和事，都是磨炼自己的利器。

因为，只有痛过、紧张过才能战胜自己内心的惰性，才能不断地改正和完善自己。

超越并不是指做自己喜欢做的事，而是即便自己不喜欢，但仍会忍下所有的痛苦，咽下所有的泪水，从而挖掘出自己的潜质，这才是真正的超越。

更何况，有些事只是让你感到不舒服、不快乐，并非都是错的、不好的，并且判断一个人或一件事意义的标准并不是愉悦。现实生活中，有不少看起来让人愉悦的事情，但在它背后往往隐藏着更大的危险，就像电影《少年派的奇幻漂流》中的食人岛，白天看起来宛如天堂，椰林树影、水清沙白，却会在夜深人静时将在岛上酣畅入睡的人一一吃掉。

当然，我们生活的世界中并没有食人岛的威胁，然而让人懈怠的惰性同样杀伤力十足，它会在我们最该奋斗、最应该骄傲的年纪，将我们拽向安于现状、安于稳定的平庸之中。

//

学会以一种包容的姿态去看待解决问题。忍一时，风平浪静；退一步，海阔天空。只有当你的内心被自由填满时，整个世界便都会在你手中。

没有拼尽全力，就不要轻言放弃

比拼尽全力去做事情，发现结果不令人满意还要糟糕的，是你都还没有使出全力，在中途就宣言放弃的人。未曾拼尽全力，就切勿轻言放弃。

阿林不仅长得高大帅气，而且有学识。作为一家跨国公司里面最年轻的主管，每月拿到的薪水让我心生羡慕。但是作为和他从小玩到大的朋友知道，他能有今天的成就真是一件很不可思议的事。

记得高一下半学年，他还是我们班上万年的吊车尾。不管老师如何轻声细语地劝导，或是父母的威逼利诱，到了他这里通通都没有用。

可是说来也奇怪，这样一个冥顽不灵的家伙在高二开学的时候，整个人突然像脱胎换骨了一样，开始疯狂地迷恋上学习，求知欲呈指数爆炸，为人也变得谦逊了很多。高考之后，成功进入了一所很不错的大学，之后还被顺利保研，从一名学渣变身成为学霸。

当初教过他的老师还把他作为逆袭的典型案例，在一代又一代学生中传唱。可是没有人对他突然间这样大的转变寻根问底。

过年的时候和他聚在一起，突然就想起了这件事情，借着酒劲我问他，当年到底受了什么刺激，他看着我，很认真地说道："家里的房子装修了啊。"

我愣了一下。

那时候阿林家装修房子，所以和父母一起去爷爷家住。正好赶上上大学的表哥休假回来，阿林的父母便让表哥给他辅导辅导，纵然阿林有一千万个不愿意，还是架不住爸妈的唠叨，被骂着回家拿高一的课本了。

回到家里，跑到当初堆放书本的角落去找，什么都没有。正高兴呢，身后传来一个声音："小伙子，你在找这个吗？"

只见一个年轻的工人小心翼翼从桌子下面搬出一个箱子，箱子打开，只看到两捆被包裹得严严实实的书，"我估计着应该有人回来取，就找箱子把它收起来了"。

阿林将箱子放地上，开始四处翻看着要用的书，结果耳边又响起了一个声音："这么多的书，前途无量啊。"

阿林鄙夷地说道："啥前途啊，不过是没办法的事罢了。"

小老板一听这话，眉头皱了皱："咋会这样说呢？读书出来以后前途当然好啊。"

阿林看了看小老板，问着：“你上过大学吗？”

小老板明显不好意思地说：“没有。”

“那你现在照样不是过得很好，和那些读过书的一样。”

“怎么一样？我那是没得选择。”小老板叹气地说道。

“没选择还这样，看来有选择还是错的了。我还希望跟你一样没得选呢，这些个没用的东西，看都不想看。”说完就把手里的书“啪”的一声扔地上，水泥地荡起一层灰。

小老板的脸“唰”地变沉重了，他弯下腰，慢慢捡起地上的书本，用手轻轻拂去表面的灰尘，然后两眼盯着阿林，缓缓说道：“你是不是以为天底下的人都跟你一样，可以这样随意把书扔在地上？”

小老板指了指不远处正在用力挥舞着二郎锤的年轻工匠，“看到了吗？以后让你去做他现在做的事，你要做吗”？

“你知道他当年高考的时候只是低了录取分数线一分，就这一分啊！你看看现在他做的工作，因为穷只有停止学业出去打工。要是他出生在你这样的一个家庭里，人家早比你优秀几十倍了。”

阿林很早以前就明白世界的不公平，可是从来没有像今天这样，切身体会世界的不公平造成的差距，如此现实地摆在眼前。

“十四岁我离家出逃，因为穷，买不起鞋，离家那天我还光着脚。你能想象穷到没有鞋穿的日子吗？至于为什么要出逃？我要是不逃就会被家里人送去矿洞挖矿，可是你知道我们村有多少人是死在那座矿里的吗？你有见过被矿石砸中，脑花都流出来的样子吗？那是我三岁那年，亲眼看到我爸死的样子！”小老板从口袋里拿出一支烟，点燃后深吸了一口，目光呆滞般望向窗外。

抽完烟，小老板叹了口气继续说道：“所以我要出逃这个家，不为别的，我就想活下去。与其让我一辈子在暗无天日的矿洞里工作，不知道哪天就被崩塌的矿石压死，还不如我自己出来工作，万一还能赚到钱也不一定。”

小老板拍拍手中的书，将它放到阿林手里：“我们什么都没有，就连想要往前奔跑的鞋都没有，可是我们依旧要往前跑，这就是‘没办法’。有的人确实天生就不是读书的料，可是孩子，你连试都没有去试，怎么知道自己确实读不下去呢？没有拼尽全力去做一件事，就没有说放弃的资格。”

回家之后，阿林的脑海里整日整日地响起这句话：“没有拼尽全力去做一件事，就没有说放弃的资格。”快开学的时候，他做了一个决定：他要拼尽全力去试一次，没想到成功了。

我们经常抱怨，而很少去想想自己拥有什么。常常看到别人走出一条不同寻常的路来，只是羡慕和嫉妒，但是却没有去探求别人背后付出的辛苦有多少，这一步步走过来需要多少勇气和坚持。

只有拼尽全力的人，才有资格说放弃。在那之前，你问问自己：是否拼尽全力了？

不惧怕未来，和未来死磕到底

男孩学习刻苦努力，为的就是能够考上大学，出人头地。可惜，偏偏命运和他开了一个玩笑，十八岁那年高考，他落榜了。

父母都是西部小城铁路上的职员，曾经送走了成千上万个踏上火车，去往远方上学的学子，可唯独这一趟列车送不走自己的孩子。男孩被留在了铁路上，成了一名工人。

寂静的夜晚，男孩依旧放着收音机，蜷缩在铁道路旁的小木屋内。收音机里传出的声音是那么温暖，那么引人遐想。男孩渐渐被带到那个满是回忆的校园里，那时的他还是不谙世事的高中学生，在老师的指导下，他也开通了校园广播，一档属于自己的广播。

在这个封闭式的校园里，男孩广播节目里的声音，还有那朗读着的书中的世界，给这些被套牢的心带去一丝想象，带去一点希望。

那时候，男孩是幸福的，学生们也是幸福的。

而现在呢，拥挤的小木屋内，只有冷冰冰的两条铁轨相伴。男孩在每个夜晚能做的事，就只有拿着一个手电筒，在破旧的小木屋和废弃的车厢之间来回走动。站台上，男孩看着来往的人群，上车的上车，下车的下车。只有自己在一旁戴着耳机，听着收音机里的广播，被孤独地遗忘着，被这个冰冷的世界抛弃着。男孩不想要这样的生活。

于是，不可避免地，男孩和父母发生争吵。终于在一次次激烈的争吵和让步中，男孩和父母达成一致。男孩可以出去拼，去实现自己的梦想，但是如果在外面过得不怎么样，男孩就必须回来，回到这个工作岗位上。

临走时，男孩偷偷把探亲卡塞在桌子的角落里。那张卡的作用是在你买票很困难的时候，可以出示给铁路局的人，会因为是铁路工人或者家属而得到很好的照顾，即使你远在天边，也同样能火速回到家人身边，男孩认为自己出去不可能会用到这张卡。

曾经看腻了来来往往的人，他们都踏上列车去远方追逐自己的梦想，带着大包小包的东西，或去北上广奋斗，或去下海捞金。男孩告诉自己，不要害怕，要勇敢去闯，就算有一天自己失败了，也还能回到起点，回到这个梦想最开始的地方，大不了从头做起。

男孩选择到繁华的都市——重庆。白天他去兼职打很多份工，晚上还报读大专夜校继续学业。他报名学习播编表专业，可是男孩不知道对当下的自己来说，学习这个专业有什么意义。

尽管工作再困难，也难以抵挡他对未来的热情。就在某一天，他突然接到了高中老师的电话，原本以为高考的失利，让他被整个世界所抛弃，可是没想到曾经的那个老师却为这个三好学生留了一扇窗。当初鼓励他并支持他开办校园广播的老师知道他在重庆，出差的老师告诉男孩，重庆的都市电台正在招聘客座的主播，叫他可以去试试看。

人生大起大落得太厉害，你永远不知道下一刻会有什么惊喜在等待着你。

他成功地进入了电台，经过努力，男孩成为重庆电台的正式主播，再然后，男孩去了北京，进入了中央人民广播电台。知道吗？这对曾经还是一个在西部小县城和铁路日夜为伴的人来说，是多么奇迹的一个转变。

男孩有一句口头禅：声音在晚上是会发光的。

多少个逝去的夜晚，他和冰冷的铁轨相伴，就是靠着那一台收音机照亮他内心的未来。他当然不清楚在这样一个看似光鲜亮丽的城市里，实际上还有多少颗找不到方向的孤单的心，等着有人能指引他们明路。但是他知道他现在做出的努力，就算仅仅被一个人听到，能影响这一个人去追逐自己的梦想，那也值得了。

我们的激情早已退去，只剩下麻木的四肢和大脑，或许在某天夜里醒来，听着电台里广播的声音，我们忽然发现原来自己还有梦想，还有想做的事。

或许你会觉得阿翔从一名铁路工人到央视的主持人只是个例，不具有参考价值，你可能还是会嘲笑堂吉诃德的疯狂和痴傻。因为你在自己身上感觉不到丝毫成功的因素。村上春树有句话：以卵击石，在高大坚硬的墙和鸡蛋之间，我永远站在鸡蛋那方。

这就是一种坚韧不拔。可为什么不敢去试试呢？趁年华未老，趁青春还在，趁梦想犹存，做一个坚硬的鸡蛋，和未来死磕到底吧。相信自己，即便走错，谁说不可以从头再来？

让自己
骄傲地活着

公司每年寒假都会招一两个实习生进来，今年招聘了一个大四的应届毕业生，是一个文静的小姑娘，我们都叫她小丽。

很多大学生为了能够毕业在自己的履历上增添一抹光彩，都在积极地寻找实习工作，哪怕薪水低得可怜也无所谓。在这种大环境下，实习生这种产物自然也就供大于求，工资都会被普遍压缩。

小丽第一次来到国际性大都市，想到要在这个地方待上一段时间。必须节省钱的她每天的午餐就是凉皮。我和老同事经常还会点外卖，或者去公司餐厅吃饭。小丽就只是静静坐在岗位上，安静得不说话。

今天中午大家聚在一起商量吃什么，小丽为了避免不合群也过来看看，结果从第一页翻到最后一页发现都是价格不低的菜，皱皱眉就合上菜单，准备下楼吃饭。我急忙叫住她，还有别的菜单，你看看合不合你的胃口。

她似乎很不情愿，又无可奈何，强忍着看完了，到最后还是什么都没有点。

看到这样的小丽，我心生怜悯，仿佛看到当初的自己。

大家都陆陆续续点完了餐，我很想也帮小丽点一份，但是又怕自己的无心举动伤了她的自尊。

我常常在想，这么多的人都在上海漂泊，虽然房租贵，交通费贵，连一顿午餐费都贵，还是有这么多人拼了命地去挤向这座城市。长此以往下去，内心的那点骨气和骄傲还存在吗？

还记得我当初选择这座城市的时候，身边的人都问我同样的话题：为什么非去上海不可？我还记得当时的回答：因为机遇多啊，发展好啊，能见识国际性大都市的风采，能够在这方天地闯出名堂啊……而现在呢？我不敢保证我还能像当初那样，自信满满地回答这些问题，有时候半夜醒来，看着镜中的自己，我也会问一句："你为什么非要来上海？"

在这座无情的城市里，每天都在上演着不同的戏码。列车带来一群又一群充满着朝气和活力的人，同时又送别了一拨又一拨黯然神伤的过客。当然更多的人是选择留下来，坚持下去。到最后，或许变得行尸走肉般麻木，或许变得提线木偶般规矩，当然，肯定不缺乏还有满腔热情的人。

每一天，每个角落里都各自上演着以自我为主角的戏码。

我也想过如果当初并没有来到这座城市，那么我的生活又是怎样的呢？也许是在老家听着父母的安排，做着一份别人羡慕的工作。

生活就这样一天天消磨。从小就在父母、老师和书籍上听说外面的世界多么凶残，吃人不吐骨头。渐渐学会享受安逸的生活。我们时常也会问他们：“在大山那边，到底有什么啊？”我们满足于他们告诉我们的事，渐渐活在一些祖祖辈辈定下来的规矩里，时间一长，连想要去看一眼的欲望都没有。对外面的世界不再好奇，也不愿意接触新鲜的事，连对生活都失去了热情。

现在看来，这恐怕是我做过的最疯狂的事情了。听从内心对新生活的呼唤，不顾周围人的阻拦，誓要翻过大山去看看外面的世界，在本该听从父母之言选择平庸安逸的人生平稳地过一辈子，结果却踏上了这条通往远方新世界的道路。不管未来的结果如何，至少我可以骄傲地抬起头向那些畏缩不前的人，宣称我不后悔这个举动。

安逸等死的人生实在太过恐怖。我当然也会害怕未来，害怕远方的世界自己无法应对。但是我既然决定踏上了这条路，就会义无反顾地走下去，不然到现在我都不会知道，原来这条路没有当初想象的那么困难。

父母肯定会认为我辜负了他们的谆谆教诲，太让他们不放心了。可是真正陪我走到生命尽头的人，只有自己啊。我会拼命地努力奋斗，会向他们证明自己是一个勇士，能够保护好自己，能够养活自己。

“我一直相信，在这个世界的某一个角落，有一个和我一模一样的自己，在做着我现在不敢做的事，经历着我不敢经历的生活。”宫崎骏曾经在他的电影里这样说过，我相信，这也是宫崎骏先生想要对自己说的话。

不管怎样，我对这女孩依旧关注着。现实世界里到处都是残酷的斗争，我只愿她能够依然骄傲地活着，勿忘初心。一直为自己心中的梦想拼尽全力，可以骄傲地向前走，等到日暮黄昏后，她再想起这段岁月，可以心存感恩。

//

我一直相信，在这个世界的某一个角落，有一个和我一模一样的自己，在做着我现在不敢做的事，经历着我不敢经历的生活。

守住本心，
才能活出自我

提起全球著名的一个品牌——老干妈，大家一定不陌生。它的创始人陶华碧，更是一个传奇。

1947年，在贵州省湄潭县的一个小山村，陶华碧出生了。20岁那年嫁给206地质队的一个成员。几年后丈夫去世，只剩下她和两个儿子相依为命。1989年，省吃俭用的陶华碧用自己所有的积蓄开了一家“便宜餐厅”，专门售卖冷面和凉粉。为了让凉粉更香更好吃，她特定下功夫做了拌着吃的辣椒酱，结果没想到辣椒酱反而比凉粉还好吃。某一天，因为身体不适，她来不及做辣椒酱，结果那天的凉粉一碗都没有卖出去。她发现了其中的商机，开始对这种辣椒酱精心改良。

1996年的7月，她在南明区云关村委会那里租了两个厂房，又招了40个人开始制作最初的“老干妈麻辣酱”。1997年8月，正式成立了贵阳南明老干妈风味食品有限责任公司，员工从最初的40人扩展到200多人。到2013年，老干妈的产值达到了37.2亿元，十五年间增长了73倍。2014年，贵州政府还专门奖励了老干妈集团一个“A8888”车牌号码，这是因为老干妈集团创下了三年缴税18亿元、产值68亿元的惊人收益，不仅创造了巨大的经济效益，还带动了800万农民致富，社会效益得到普遍提升。

陶华碧始终坚持“三不”原则：不融资、不贷款、不上市。要知道，在现今这个资本运作的大环境中，几乎每个企业都会想着贷款，然后融资上市。

2001年，陶华碧想要扩大规模，再增设一处厂房，可是当时的原材料占据了资产的大部分，一时间也拿不出钱来，有人就跟陶华碧建议，去向政府申请帮助。当时的政策大力帮扶地方型企业，于是贵阳市南明区委得知这件事后，立刻安排了陶华碧和银行见面谈款的事。当她来到区委处，发现区委办公室的电梯都是损坏的，就跟会计商量：“政府连电梯坏了都没钱修，我们还要跟他们借钱，这也太过意不去了，算了，我们走吧。”结果，据说就是这么一个乌龙事件，导致老干妈以后再也不贷款。

公司本来就有足够的现金流，那么融资、上市之类的也就没什么必要了。从最开始一直到现在，陶华碧奉行一手交钱、一手拿货的原则。她说：“我不想欠别人什么，别人也不要欠我什么。”因此，能够担当起“老干妈”的省级代理，也是一件非常不易的事，如果没有一两千万元的保证金，是根本拿不下来的。

对于这个做法，陶华碧的回答很干脆：“我从来没有跟国家借过一分钱，我也不需要国家的什么扶持帮助。我有多大的能力，就做多大的事。我不想好高骛远，只想踏踏实实、简简单单地去做好现在的每一件事。”

媒体在采访时都会问她，您赚了这么多钱之后，就没有想过要去涉足其他领域吗？因为很多公司在成名以后会去涉及方方面面，赚更多的钱。您难道没有动心过吗？

陶华碧说道：“我没有那么多远大的理想，现在我做这一件事，就只想把这一件事做大做好，心无旁骛。这样慢慢地日积月累下去，我相信终会把这个行业做精做好。”陶华碧守住了自己的初心。

2009年微博开始兴起，我在微博网站上也认识一位老乡。虽然从来没有见过面，可是彼此知道两家相隔不远。

他取名叫“大方湾主”，大概是因为住在大方湾吧，当时的他是一名公司的程序员，一月能挣到两三万元。

我们平时聊天不多，聊天也只是说着一些无关痛痒的话。突然有一天我刷微博看到他的动态，想不到小半年没联系，他竟然跑到乌镇去开客栈了。我吓了一跳。

赶忙私信问他信息，结果第二天才回我，他说其实他一开始就喜欢这种闲云野鹤般的生活，一方面也算是在社会上，和人有交集；另一方面，这种交集又不至于太深。他把最开始上班的工资全部拿出来，现在客栈的生意已经很好了。

过了没多久，再次联系时，他告诉我他有女朋友了。在广州的时候，自己可能因为工作忙，也没有时间静下心来去交往朋友，所以一直遇不到合适的人。现在，他遇到的这个姑娘很合适，闲暇时能够陪着他在乌镇转转，忙的时候也能够撒开丫子干活，性格又是他喜欢的那种类型。他对我说："可能因为在对的地方，认识了对的人吧。"

对的地方？世界之大，哪里才是对的地方？我想了好久。现在他在自己喜欢的地方做着喜欢的事，渐渐地，这种相似性质的感觉也就吸引着同样类型的人，所以，理想中脑海里的姑娘也就出现了。

最近几天还在互通信息，我问他境况如何，他很开心很开心地说，女朋友已经成了妻子，还有一个可爱的妞儿，客栈的生意也很稳定。还好，他没有在忙碌的都市里迷失自我。

因为，守住本心，才能活出自我。

你的努力，都将成为你的盔甲

在经历了重大变故之后，我们依旧还能活下去。痛苦过后，我们还能坚强地站起来，这些都成为我们最坚强的防御。所有不能把我毁掉的，必然会成为我的磨刀石。激励着我勇敢地活下去。

我们总会听到身边的人在抱怨："为什么我不是'富二代'？为什么我的一生总是磕磕绊绊，事事不如意？凭什么那个人就过得比我好？"我们总是羡慕那些生下来就含着"金钥匙"的人，对于自己，就感觉是从贫民窟里走出来的一样。

请记住，现在的你要勇敢地坚强下去，也许在某一天你也会成为人人艳羡的精英。只是在此之前，你要做的就是不断奋勇前进，一路坚强地活下去。

会议室里萧风正满腔热血地为公司领导讲述最新产品的营销方案，一边洋洋洒洒地述说，一边配合着精美的PPT演示，萧风成功拿下了这一季的营销计划。

年仅27岁的萧风是一家公司的优秀企划师，成熟幽默的性格，加上气质不凡的他在职场里已是备受瞩目，更何况还有惊艳的才华。年纪轻轻就已经有大家风范，能做到宠辱不惊、温文儒雅，实在是难得。

没错，大家都会认为这又是一个“开挂”的“别人家的孩子”。才进入公司短短不到三年的时间，就已经从当初的一个小策划员做到了今天的这个职位，成为精英团队中的领军人物。与公司合作的各大厂商都指名点姓地要聘用萧风所在的团队。萧风能在周围的吹捧和夸奖下，依然平淡如水，不骄不躁。

所有的这些优秀气质都是来自后天的培养。他的酒肉朋友很多，但是真正交心的哥们儿很少。李杰就是其中一个交心的好哥们儿，有时候两兄弟出去喝酒吃饭的时候，看着眼前的萧风，李杰都会有一丝心痛和感伤，别以为如今的萧风这么潇洒。只有陪伴他走过来的李杰才知道，萧风能有今天的成就，经历的事太多了。

萧风五岁的时候，爸妈离异，从此和爷爷奶奶一起生活。虽然爷爷奶奶给予了他很多爱，可还是不一样。时常能听到爷爷奶奶语重心长的话：“你可一定要争气，你要知道你和别人家的孩子不一样。”萧风似乎若有所懂，从小的他就拼命学习，重点小学，重点高中，再到重点大学，只有他自己才知道，他无法回家面对爷爷奶奶恨铁不成钢的眼神，他知道自己的人生必须靠自己去奋斗。

尽管这样，萧风骨子里还是很积极、很活泼的，他的兴趣爱好也很广泛。大学时，积极参加各种社团组织的活动，也是因为这样，才认识了让他心动的女孩，然而在面临留校任教的机会面前，女友抛弃了萧风。并且拿着他还没来得及递交的期刊作业发表了，用的是自己的名字。就这样，曾经美好的初恋就这样被终结了。

童年双亲的离异让萧风时刻保持危机意识，长大后因为初恋的背叛让他明白了现实的残酷。于是他拼命工作，努力把自己全部的精力都投入进去，并且力求每一项工作都要做到最好。终于，他拼命地工作也收到了回报。

工作给萧风带来的成就感是最直接的，因为工作不会背叛你。在享受工作的时候，才会发现自己达到心神合一的地步。在努力工作的过程中，萧风渐渐悟到了许多东西，知道人生真谛。当萧风终于可以从工作的重压中缓口气的时候，李杰发现，萧风整个人都好像变了很多。

萧风身上那种这个年纪该有的青春和张狂已经没有了，只剩下老练和能干。那种经历过大风大浪般的从容不迫，总让李杰惊叹。

或许，那些想要击垮你的，都是换了衣服的天使。它们外衰冷酷、无情、残忍、嗜血，但是当你准备好要去和他们拼搏奋斗的时候，你一把将其套在身上的衣服拉扯下来，突然间发现原来里面全是宝藏。那是天使赐予你的坚强、勇敢和自信，是能够让你在这个世界里生存下去的资本。

心中有希望，脚下就有路

人生如同一场航行，不可能永远一帆风顺，谁都会经历或大或小的波浪。这个时候，我们通常有两条路可以选择——前进或者返回。当你选择了返回，后果显而易见，你会回到自己曾经走过的地方，免受很多苦难，但可能会毫无收获。反之，当你选择了前进，那就是选择了迎难而上，披荆斩棘，需要付出超人的代价，因为你需要跨越它——而且可能付出代价后，也依旧无法如愿……没错，这就是人生。而我们的一生，就是需要不停地接受这样的选择！但是，对于我来说，无论任何情况，我都选择前进。

有这样一个年轻人，因为家境贫寒上不了学，孤身一人来到大城市谋求出路，初来乍到，大城市里的人都瞧不起他。

在这个城市孤苦无依，他准备启程回家，就在他准备启程时，他抱着心里的最后一丝不甘给当地有名的企业家崔恩写了一封信，信中表达了对这个社会的愤恨和不满……

没想到一周后，他收到了崔恩的回信。信中只字未提工作的事，也没有什么同情的话，只是讲了这样一个故事。

在遥远的以前，整个大海里生活着各式各样的鱼。鱼儿之所以能在各个水层停留，是因为体内鱼鳔的作用。它能产生浮力，能够使腹腔产生足够的空间，保护身体的内脏等不受外界水压的影响。所以可以这样说，鱼儿的生死完全由鱼鳔控制。可是你知道吗？水里还有一种鱼，它天生就没有鱼鳔，就像是所有鱼类的异类。

这种鱼就是被称作“深海霸主”的鲨鱼。尽管它们天生没有鱼鳔，可是依旧能够在海洋里游刃有余，照样乘风破浪，照样所向无敌。

这是为什么呢？

科学家们研究发现，鲨鱼因为没有鱼鳔，所以一旦停下来就会下沉到海底。而为了能自由控制身体，鲨鱼就必须永远不停地保持身子在游动。由于长期不间断地游动，鲨鱼练就了一身的肌肉，这也让鲨鱼在水中来去自由，拥有超乎想象的战斗力。

崔恩说，知道吗？年轻人，你现在就是一条无鳔的鲨鱼，这座城市就是你的大海……

整整一个晚上，他翻来覆去睡不着，脑海里一直想着崔恩写给他的信。

第二天，他跟旅馆的老板说：“只要能供我吃住，我可以一分钱不要，帮你干活。”

十年之后，他拥有的财富令所有人羡慕，并且还娶了企业家崔恩的女儿，他就是著名的石油大王哈恩。因为心存希望，他的脚下开始遍地生花。

面对苦难，不要坐在原地抱怨，去积极思考解决问题的办法。自己缺什么，就去追求什么，在人生道路上，只有努力进取，才能跨越人生的重重障碍。人生路上总要遇到许多不同的阻碍，它让我们无法顺利平淡地经过。有的人面对现实退缩了，就此沉沦下去；有的人则勇敢地跨越了，就此步入了成功的殿堂。

是的，只要心中有希望，脚下就有路。

与其对世界上的种种不公仰天长叹，不如努力去做一条奋力游动的鲨鱼，打造属于自己的强者之路，只有这样，才能实现人生的跨越。

现在拼尽全力，未来才有底气

现在的我能承受住多大的赞扬，是因为过去的我忍受了太多的打击和诋毁，是我一个人换过了很多无人理解的嘲讽和讥笑。

频繁穿梭在各大城市之间来回做演讲，总会听到一些热心的伙伴问我问题，问得最多的就是：既然无论怎样，活着的结果都是坚信的，何苦这么奋力拼搏呢？

我的回答依然如此：你在今天付出的努力，都是为了能给以后留出一条路，尤其是当你工作成效甚微的时候，当你讨厌一个人想离开他的时候，当你对一种生活方式已经厌倦了的时候，你就会多出一些选择，多出保护自己的资本和余地。

这些道理都是一位姐姐告诉我的，我们是在一次济宁的讲座上认识。她一看就是个成功人士，她告诉我：自己之所以这么拼命，只不过是希望自己在未来的某个时刻，可以自由选择自己的命运，不再遵从别人的安排，可以底气十足地对不满意的生活说

“不”，可以果敢地辞掉不喜欢的工作。

这些让我深以为然，并铭记在心。

她这么多年来一直行走与努力的源头，也在于此。

第二次来济宁时，姐姐开车来接我们。路上经过一家煤矿集团公司的时候，姐姐告诉我们，她把自己最美好的年华和最迷茫的时光都献给了这家煤矿公司。

高职毕业之后，她就被安排到了这家公司上班，一起的还有七个女孩，由于公司管吃住，基本上就像和大学时一样。每天早早地6点钟就起床，穿上统一的工装，到同一个房间里去，每天看着面前的一大堆仪器，做着相同的事情。

生活就这样无聊又枯燥，八个女孩每天重复着相同的事，就连嬉戏打闹的时候也是一样的。一到晚上，寝室关灯之后，女孩们总要聊两句。只有姐姐自己常常一个人拿着一条小板凳，走到走廊的开水房，就这样坐着发呆，寝室周围有一排开花的树。她不想就这样一辈子平凡下去，她想通过自考大学来改变命运。说干就干，姐姐从那以后，就经常一个人拿着书到那排树下面，当寝室其他女孩还在嬉笑打闹时，她自己一个人默默地学习。对她们来说，现在的铁饭碗工作人人艳羡，自考大学又如此的遥不可及，所以，室友们不理解，更多的是嘲笑，而她并不在意。

为什么陪你走到最后的人，会一个个减少？

很多时候是大家的想法出现了不同，你因为想要去追逐自己新的世界而昂首阔步，一往无前，即使你对前方一无所知，那未知的世界看起来可怕，又充满神秘，这是一种冒险和挑战。而另一群人则接受不了这样的冒险，他们只有一边抱怨，一边说着安慰自己的话，按部就班地生活。

连续考了三年，终于考上了。当她拿到录取通知书的一瞬间，她知道自己该有所行动了。她毅然决然地辞职，准备出发到辽宁去上学，一边读书，一边挣钱。

学习毕业之后，她又重新去找了一份工作。造化弄人，她又被重新招聘到原来那家煤矿集团，虽然职位提升了，可是看着屋内依旧是那群女孩，还是当初的工装，还是当初的工作，就像兜兜转转一圈后重新回到起点，她为自己多少感到不值。

姐姐心有不甘，但也继续开始行动，她开始准备会计证和律师证的考试，她依旧选择坐在那排树下，夜晚依旧在开水房旁边进行学习。那时候她已经结婚了，老公看她这样辛苦，劝她不要这么拼，但是她听不进去，依旧整日整夜疯狂地看书，那阵子她的头发疯狂掉落，书上的知识也总是看了忘，忘了看，还以为自己得健忘症了。去医院检查才知道，原来是怀孕了。

姐姐自己主动辞了工作，即使怀孕也拼命学习看书，周围的人都说她太拼命。等到孩子好不容易出生后，她终于考取了会计证和律师证，并且成功应聘了在辽宁盐务局的一个主管岗位。这个消息在她的朋友圈里炸开了锅。而曾经嘲笑她的这些人依旧在原地踏步，穿着同样的工装，看着相同的仪器，过着枯燥无聊的生活。

我们选择改变，选择不停地挑战，是为了活得更潇洒，是为了有更多的选择权。努力对于一个人的意义是巨大的，但是在多数情况下，努力带来的实际效果很难马上见到，可能都需要多年的努力才能艰难地实现。这个时候，你会发现自己已经不像当初那般害怕和恐惧，可以云淡风轻地应对生活中的一切，那时的你才能体会到努力的真正含义。

为了不屈服于命运的安排，我们都要努力改变自己。这样在将来面临选择的时候，可以多一条路，多一个方向。人一生的旅途，很多时候注定是孤独寂寞的，我们不会知道身边的人什么时候会消失，我们无法知晓我们人生的每个阶段，都有谁陪伴。对未知的恐惧，让很多人只能像运作的机器那般，不敢对自己说一句“我想从头再来”。

直到现在，我非常佩服生活中那些面对困难敢说“我敢”的人，我相信，每一个“我敢”的背后，都有过一段艰难岁月的人，都有一个奋斗不息的精神在支撑着。他们努力拼搏，他们孤独沉默，挨过了无数难熬的岁月，终于可以自由选择，终于可以在通往成功的路上，昂首阔步，自信向前！

曾经的弯路，让我们看到不一样的风景

王安石的《游褒禅山记》中这样说道：“世之奇伟、瑰怪、非常之观，常在于险远。而人之所罕至焉。故非有志者不能至也。”我们每一次放下昨日的辉煌，去探求未来的每一步时，都需要莫大的勇气。

我的高中邹平年轻漂亮，她是一名舞台演员。每次我跟朋友介绍她的工作时，她总会在后面插一句嘴——只是一名不入流的演员罢了。

可是不管她怎么说，我总是以她自豪。在我难过或者伤心扚时候，她总能适时地出现在我面前，用她自己的方式来安慰我。而且每次总能奏效，有时候仅仅只是一个眼神，或者一个拥抱，我都能立马就安静下来。

不过，每个人都有自己脆弱不堪的一面，就像有些笑星一样，他们给别人带来欢乐，是别人坚强开心的源泉，可是当自己受伤脆弱的时候，又有谁来安慰她呢？我一直认为，世界上最孤独寂寞的人，恰恰就是那些平常最能给人希望和坚强的人，因为他们无法给自己安慰。

一次我的朋友邹平给我打来了电话，很急切、很伤心地说：“我被劈腿了，他喜欢上别的女孩。还有就是，我在排练节目时，心不在焉，一不留神从假树上摔了下来。现在在病床上躺着，导演说让我好好休息，近期就不要想工作的事了。”

我火急火燎地赶到医院，看到病床上脸色苍白的邹平，心疼得说不出话来。她看到我难受，反过来安慰我，还让我现在立马带她去排练场。

我不知道她现在这样还去排练场干啥，只好带着任性的她去了，排练场的人看到她很惊讶。

导演在不远处正在一排靓丽的女演员中重新选角色，舞台上的演员光芒四射。看到这些，邹平的眼神中闪过一丝失落，但她很快掩饰了自己的情绪。她默默地在排练室的角落里坐了下来，开始仔细研读剧本，把其中每一句台词，每一个感情都分析得彻彻底底。另外还加上她自己对人物角色的理解，都写在剧本上，写好后，都会拿给导演看。

我认为邹平还想去抢回这个角色，就劝她说：“行了，就当给自己放了个长假，别想太多了。好吗？”

邹平说：“也许，老天爷让我好好思考一下以后的人生，反省反省吧。”

直到最后，生活也没有给邹平一丝惊喜。导演到最后也没有表达出想要再次邀请邹平出演的意愿。虽然大家都赞美邹平的坚强，却把更多的掌声都给了替代她角色的另一个出色的女孩……

于是，舞台的帷幕落下，当曲终人散的时候，灯光暗淡下来，只留下一片寂静的光景。原来，自己想象的快乐都是别人的，她什么都没有。

不知道你是否曾有过这样的感受，明明最开始和一大帮人还走在一起，渐渐地，因为各种各样的原因，自己离曾经熟悉的人群越来越远，等你想要追上去，再次融入这个团体的时候，发现自己已经变成了局外人。

邹平没想到自己会以这种方式离开喜爱的舞台，当拖着一瘸一拐的腿走在大街上时，终于控制不住地留下了泪水。

如果这样的事发生在我身上，我可能会一蹶不振吧。对于坚强的她，我想至少也需要一两个月才能从伤痛中缓过来。过一会儿，她笑着对我说，她要读研。我没在意，以为只是开玩笑地说一句。

然而这次不是开玩笑，很快邹平就开始了考研的准备。从此，整日把自己关在房间里，努力学习，并且学习到很晚，开始了“考研狗”的生活……

一年之后成绩出来的那一刻，她又傻眼了。这次上天仍然没有眷顾她，并没有帮助她实现自己的愿望，辛辛苦苦准备一年的考研还是失败了。这次她陷入了两难的境地，工作早就没了，银行卡里只剩下不到100元，现实的这种窘况已经不允许她再来一次了。

即便如此，邹平依旧没有变得消沉失落，她迅速满血复活，开始找工作的历程。

世上任何东西，都无法保持永恒。很多时候，我们原本是朝着这个方向去的，到最后，却发现自己走上了另一条道路。并不是我们改变了自己当初的选择，而是随着时光和各种机遇的风云变幻，它早已被赋予了不同的意义和使命。

我们都在未来的道路上迷茫前行，不知道远方究竟有什么东西在等待着我们，不过，生活终究会告诉我们答案，但不是把这一切立马告诉你。

当邹平准备收拾行李离开这座城市，打算去一个陌生地寻找工作，重新开展一段新的生活时，却偶然间接到一个名导的剧组邀请函，希望她能担任日语的导助，他们认为这个岗位非她莫属，并希望她能赶快上任。

这让邹平高兴极了。此时的她，不需要祝福，也不需要眼泪。在好不容易绕了一大圈之后，最后还是回到了自己心爱的舞台上。中间起起伏伏的落差不过是一条抛物线，我们以为到达的终点，到最后才发现原来只是另一个开始。

很多年后，我们才明白，正是因为这些曾经走过的弯路，我们才看到了一些不一样的风景；因为爱过的人，现在反而更加珍惜眼前。上天的给予，不是为了想要把赐给你的幸福收回，只是为了考验你是否一直忠于自己的内心。

我们每一次放下昨日的辉煌，去探求未来的每一步时，都需要莫大的勇气。但也正是这样，我们才会收获更多不一样的美好。

//

这个世界上，活得精彩的，永远都是那些最有勇气的人。

最泥泞的道路，才会留下最清晰的脚印

我因为对原来的工作不满意，辞职换了一份工作，到一家外企上班。公司同事大多都用英语进行日常交流。每当这时候，我总是好生羡慕。

公司经理刘谷看出了我的情况，他说他以前在一家培训中心当英语老师，可以帮我提升英语。只要按照他说的做，我的英语水平肯定能突飞猛进。

刘谷给我做了一个详细的学习计划：早上起来读30分钟英文，中午休息的时候听BBC，晚上睡觉前要背诵单词。另外，学习的时候，内心一定要放空，不要去想其他的事情，认认真真学习，并且告诉自己，一定可以把英语学好。

我拼命点头："嗯，我一定按照你说的去做。"

他看着我自信的脸，笑了笑："试试看吧，我可不认为简单。"

结果，最开始一两天还好，快到一周的时候，我已经受不了了。没错，整个过程完全不像看起来那么简单，因为你根本意料不到中途会发生什么事情把你的计划完全打乱。就像你早上正在看英文，突然想起自己还没有洗漱吃早餐；中午你明明很想午睡，结果还要被迫听BBC；晚上睡觉，本来一天就已经够累了，还要花精力去记单词，没记两个就倒头大睡了。

后来我找刘谷经理，反映这些情况，结果他说，所有人在学习的时候，都是这样。唯一不同的是我们在面对这些困难时做出的不同反应。

每个人在困难面前的反应都不一样。有的人会选择离开，有的人会选择放弃，有的会继续坚持，所有人的选择都是自己内心真实的反应。

当年，刘谷作为上海体育大学的体育生，毕业那年，因为一次意外，腿受伤了，只能卧病在床。身边的同学们都出去找工作，还陆陆续续传来了好消息，自己一时间不知道还能做什么工作，两只空洞的眼神直勾勾望着天花板，他知道自己这样自怨自艾也不是办法。可现在的他连站立都做不到，又怎么去规划自己的人生呢？

内心的自责和愤懑交织着，他伸手拔掉手上的针头，看着流出的鲜红血液，他竟然感觉不到一丝疼痛。走廊里一个坐着轮椅的女孩正好看见了这一幕，赶紧叫来医生，帮他处理。

伤口处理完后，女孩来到他面前，跟他说起了一个故事。

女孩是政法大学的研究生，本来要去英国做交换生。可就在要出发前的一天早上，女孩醒来发现自己的腿竟然有些胀痛，女孩觉得自己太过劳累了，休息一阵子就好。结果情况越来越糟糕，腿越来越肿，后来竟然肿到无力行走，女孩妈妈带她到医院按摩缓解，医生检查后，希望她马上住院治疗。

女孩意识到事情不对劲，可是妈妈怎么也不愿意说。女孩从那以后就一直住在医院，女孩也想过要结束生命，但是觉得这样太没有尊严了。无奈，所有人都不愿告诉她到底得了什么病，想要尊严地去死对女孩来说都是一种渴望。

从那以后，女孩就每天坐着轮椅，推着自己，四处穿梭在医院里，看见那些没有生机的人，女孩总是会上前帮助他们，她内心希望自己有一点点力量，可以帮助别人，能够给自己换来一点点乐观和生的尊严。

刘谷听到这里，回想起自己的行为，才知道有多鲁莽和愚蠢。从那以后，刘谷开始自学英语，希望有一天能够当一名老师，去教育下一代。

从那以后，他的注意力全在学习英语上，每天早起背单词，晚上睡觉前还要誊写总统的演讲稿。除了睡觉的时间，他所有工夫全都花在学习英语上。

没过多久，刘谷出院了。可是到最后再也没有见过那个女孩，也不知道女孩得的什么病，刘谷只能默默地祈祷，如果女孩的一生都无法如意的话，希望老天能够让女孩走得有尊严，满足女孩最后的一点小心愿吧。

经过不断地应聘、面试，刘谷终于如愿以偿地当上了英语老师。茫茫人海，我们借着他人的希望，变成了另一个人。女孩说的能够有尊严地去死或者活着：大概就是一个快死的人告诫人们应该感恩生命；感恩生命，可以让一个坠落到绝望深渊的人重燃生的渴望；可以让一个悲观主义者开始变得开朗、积极向上。

我们遇到困难时，总是祈祷：命运啊，再多体谅一下我们吧，我们不想要这样痛苦的人生了。

可是不管是泥泞的道路，还是平坦的大道，拖着我们沉重的肉体在上面行走，必然会留下脚印。只是这印记或清晰明了，或淡淡一现。它的存在是告诉你，这世界你曾经来过，而且你在命运的考验下，是经受住了还是没有经受住。有的人受不了，只有被压扁再也找不到踪迹；有的人则承受得起，脚下深深陷进去，尽管抬起脚后，全是泥泞，但是毕竟精彩过，便也不后悔。

唯有不停拼搏，命运才会看重你

我们总是希望自己能够在准备充分的情况下，再去体验生活。我们怕被突如其来的事情乱了方寸，毁了阵脚。可是现实生活里，哪有那么多时间让你有万全的准备呢?

刚刚从大学毕业的苏明才21岁，从上学开始，一直到大学毕业，都生活得顺顺当当，没有经历什么挫折，这样涉世未深的他被推出了大学的校门。他还算比较幸运的，他找到了两份工作。一份工作较稳定，也比较轻松，但每年都有较长的假期；另一份工作则相对比较忙碌，而且需要经常出差，不过可以全国各地到处跑，去看看外面的世界。

苏明不知道怎么选，其实要按照他的性子来说，估计内心更喜欢第二份忙碌的工作吧，因为可以经常出差去体验各地不同的风景。

每一份工作的存在都必然有它的原因，我们都可以从中学习，得到一些自己的感悟，这就是工作存在的价值。

我的建议和他内心的想法一样，虽然比较忙、比较累，可是你可以从中学到很多东西。年轻时不逼自己一把，你永远不知道自己的极限在哪里。这样的生活和咸鱼有什么两样。

我主动辞退编辑社的工作，主编很不舍，于是她告诉我一个故事：有一群年轻人兴致勃勃地辞掉目前的工作，想要投身祖国的革命建设。可是在出发的时候，他们刚刚上了车，结果就被飞来的炸弹击中，所有人无一幸免。

主编问我："你真的准备好了吗？"

我点点头。可我心里知道自己根本没有做好准备，我这样决绝的辞职，只是想要把自己的后路给断了，看看一无所有的自己到底能走多远。

在那以后，我找到一份和以前完全不一样的工作。公司老板每天给我们打鸡血"只有干好活，才能休息好"。特别是到了工作后期，所有人干脆住到了公司附近的酒店，为的就是方便能够快速完成工作。

那段日子，非常难熬，简直就是一种非人的体验。可是如今的我依旧会怀念那段时光，感谢那些日子里一直陪我加班的同事，是那些共同努力的同事一起见证我们走过的路。

这些年，我一路跌跌撞撞，不断尝试新的行业，见识各种各样不同的人，完成着各种各样不同的工作……最后，我明白，我们谁也不是生来全能，谁也不是那个对未来的各种突发情况都能积极应对的人，我们都胆怯过，退缩过，可是年少的我们还是努力地向前发展，我们年轻，未来还有无限的可能，我们还有机会可以自己选择，选择了就倾其所有，就全力以赴地将自己的满腔热情投身于实现过程中，这才是无比可贵，又非常幸运的。

程序员李牧在自己33岁生日的时候，很认真地许了一个愿望，他说希望自己能够移民到多伦多，做技术移民。

周围的朋友疯狂大笑，大家似乎都觉得这个想法太过，不切实际。

李牧无言以对，只有自嘲地笑了笑。只有他自己才知道他对这个想法有多执着。

想要申请技术性移民多伦多，第一步要面对的就是语言关。对于一个33岁的中年人来说，他要从头开始去学习法语，而且还要考雅思，简直就是比登天还难的事情。

似乎已经知道他内心的想法，中介机构的老师在为他精心计算了一番之后，不管是学习效率还是成本方面，老师建议李牧应该先去考雅思。

于是李牧去报了一个雅思的半年培训班，老师在第一节课的时候，就说学生们，既然你们选择了这条路，那就意味接下来的半年时间，你们要全力冲刺为了通过雅思考试而做准备。

从那以后，不管是朋友们约他出去喝酒、郊游、吃饭、唱歌，李牧全都拒绝。就像从世间消失了一样，只有偶尔见过李牧的朋友们，还听到说他现在似乎变了个人，容光焕发，如同打了鸡血一般，每天都精神百倍地学习……终于在大半年的沉寂之后，大家一致要求李牧出来聚会。看到李牧的第一句话，都是在问："到底是哪个女人能够把我们的李大官人迷得神魂颠倒啊？让你这半年都顾不上我们这帮朋友……"

"呵呵，你们想太多了。我就是考雅思而已，而且经过这半年的努力，我终于考过了，现在正准备技术移民呢……"

朋友纷纷向李牧表示祝贺，可是心里不免又有些落空的感觉。他们突然觉得李牧和自己所在的位置不一样了。我们在生活中可能也会经常有这样的感触，有时会突然发现一个可怕的事实：每个人经历了很多事情之后，在回顾人生的时候，发现自己和别人的生活简直无法相提并论，别人的人生如此精彩，自己却和烂泥一样。

整整一个晚上，李牧久久睡不着觉。他看着外面的月亮，心情简直无法平复。一想到自己即将实现梦想，他就很开心。想想自己在大半年前上课的时候，面对老师还会浑身发抖。上课的第一天，他想起自己的梦想，激动得有些不能自已。他在半夜里拿出笔墨纸砚，洋洋洒洒地写上几个大字：技术移民，再搏一次！虽然字写得扭扭曲曲，但是毫不影响李牧的心情，他也为此真的奋斗起来。

人生搏一次、再拼搏一次，只有这样命运才会看中你。很多时候我们往往低估自己的潜力，不相信我们其实远可以做到更好，只有自己逼自己一把，才会发现自己更值得被爱，发现原来可以生活得很美好。

FIVE

自己选择的路，跪着也要走完

人的一生中充满了博弈，即便有人生下来就含有金钥匙，拥有好的家世，但也无法保证人生的棋局步步顺畅，也不能保证在次次博弈中稳操胜券。好的人生棋局，需要自己脚踏实地，步步为营，努力去争取，也只有精心规划，才能下得好棋，赢得精彩人生。

步步为营，才能下得一手好棋

人的一生中充满了博弈，即便有人生下来就含有金钥匙，拥有好的家世，但也无法保证人生的棋局步步顺畅，也不能保证在次次博弈中稳操胜券。好的人生棋局，需要自己脚踏实地，步步为营，努力去争取，也只有精心规划，才能下得好棋，赢得精彩人生。我的一个女性朋友张琴，相貌普通，身材偏瘦，家境一般，学历也不过大专水平。但是就是这样一个普普通通的女孩子，却把家庭生活经营得让人羡慕。老公仪表堂堂，事业有成，对张琴更是关怀备至；女儿长得亭亭玉立，孝顺而且积极乐观。

老公整天在外面忙事业，身边免不了莺莺燕燕的各种诱惑。一些朋友劝他不要因为一条鱼放弃整片大海。可是张琴老公似乎铁了心的就是“后宫佳丽三千，偏偏独宠张琴一人”。面对周围花花世界的诱惑，他始终坚持自己的原则，不越雷池半步。

我们时常都会打趣她：“老公这么优秀，小心被谁勾搭了去。”

张琴却笑着自信地说：“我一点都不担心，虽然我相貌平平，可是我上得厅堂，下得厨房。对于老一辈，我尊敬爱戴；对于小一辈，我悉心教育。如果这样他还不懂得珍惜，那就是我看走了眼，自然也没什么好可惜的。”

张琴是我们这一帮朋友中出了名的贤惠，而且心地善良，能吃苦，会过日子。平时她在经营小家方面可谓是做足了功夫，对于自身的要求，更是注重。一句话，自己绝不做一个花瓶，但是也不做黄脸婆。

后来单位整改，她下岗后本可以安心在家当一个阔太太。但是不安于现状的她硬生生开起了服装店，而且生意做得还不错。

很多人都不理解她为什么要这样做，纷纷劝道：“你老公现在这么能挣钱，又不需要你来补贴家用，何必活得这么辛苦？”张琴却说：“一个女人应该比一个男人更有自己的追求价值，即使环境再优渥，也要有居安思危的意识，切不可迷失了自我，忘记本心。”

她在经济上追求独立，思想上更是如此。平常空余时间不是看书就是写作。在现在这个快节奏、浮躁的年代里，很少有人能像张琴这般注重自我修养，静下心来学习。很多人热衷于追逐尘世的功名利禄，放纵在纸醉金迷的生活里。

我们最开始认识一个人，往往是从他外在的形象来判断。所以，真正懂得修养的人，会内外兼修。张琴从来没有想过要去整容，她选择去学习时尚和打扮，时刻要求自己展示在众人面前的时候，都是最精致的一面。

对于亲戚朋友和同事，她更是懂得为人处世之道。尤其是几千年来最复杂的婆媳关系，在她面前，都是小菜一碟。

婆家是在农村，每逢过年过节是必定会回家探望的。平日里要是工作没什么事，她也会带着孩子去看望老人。不管是自家老人身体出了什么问题，还是邻里乡亲需要什么帮助，她都会去尽最大努力解决。亲戚朋友都对她称赞有加，平日里大家闲聊的时候，只要一提到她，都说是她老公上辈子修来的福气。

张琴的知书达理、善解人意、体贴关怀、温柔贤惠都是她老公看重并引以为傲的，所以在面对外面那些千娇百媚的女人，才会不动心。一个男人最希望的就是自己在外面打拼的时候，女人能在家管理好后院，不让男人分心。这样的生活才是大多数男人愿意看到的，毕竟对于为事业打拼的男人来说，最希望的就是能拥有一个和谐幸福的家庭环境。

张琴虽然先天条件不怎么样，但是靠着自己勤劳的双手和智慧的头脑成功经营着这个家。

不管现实生活对我们多么残忍，我们都不应该抱怨。这世界没有亏欠你什么，你现在的所有“果”都是当初的“因”。生活中有顺境，也有逆境。不管是哪一种状态，我们都要去认真面对，全心全意做好当下的事，因为那些痛苦的岁月终将过去，快乐的日子必会来临。

人的一生中充满了博弈，即便有人生下来就含有金钥匙，拥有好的家世，但也无法保证人生的棋局步步顺畅，也不能保证在次次博弈中稳操胜券。

哭着播种，才能笑着收获

我们现在可能一无所有，不必担心，只管朝着你认定的方向继续前行。在未来的某一天里，等你回过头来看看自己，你会发现自己已经站在比当初梦想更遥远的舞台。

我有一个朋友，她是营销健康类产品的，在一家保健营养品公司担任销售经理。每次与她聊天，我都会被她深深吸引，因为她浑身上下充满了热情，充满了感染力，让人感觉充满力量，同时也如沐春风。

从最初的陌生人到现在的朋友，我了解了她的故事。在惊讶她的工作能力如此厉害的同时，也被她一路坎坷的工作经历所震撼。

她来自农村，2004年高中毕业之后就一路北漂。在冬日的北京，她为了租到一间价格低廉的地下室，跑遍了北京的大街小巷。想想也是，才高中毕业的女孩子，要想在北京这样的大都市找到工作，着实不容易。最终才在一家保健营养品公司找到了一个营销的工作，每月的工资只有八百块。

但她始终相信，只要坚持下去，在将来的某一天就一定可以出人头地，干出一番大事业。从她第一份工作开始，她就开始安心拼命工作。可是现实哪里有想象中的那么容易？

在工作中遇到了数不清的困难，她不止一次想过要放弃，但是她不服输的性格让她怎么可能就这样轻易放弃。她不相信凭什么别人可以做到的事，自己却做不到。她在心里一遍遍鼓励自己，告诉自己千万不能放弃，这份工作来得很不容易，千万不能就此放弃。

一个偶然的机会，她接到一位大爷打来的电话，地址是天津的。大爷说自己在报纸上看到这款产品，打电话来想了解了解情况。她高兴地在电话里和大爷沟通了半天，可是大爷还是不懂她说的什么。

她灵机一动，对大爷说："大爷，您把地址告诉我，我给您写一封信，我把有关这款产品的所有详细介绍都写出来，寄给您，保证一目了然。"

挂了电话，朋友认认真真开始一笔一画地把有关产品的功效、作用和针对哪些病的营养价值写得清清楚楚。

公司同事看到她这样做很是不解，明明公司有产品的详细彩页资料，竟然还采取写信这种方式，费时又费力。但是她不在意别人怎么说她，第一时间写好信之后，就把它寄了出去。

之后，大爷果然打电话来，不过说想要试用一下，万一要是没效果怎么办，有效果了自然就会买。

这下可把我这朋友难倒了，公司有明文规定：客户必须先交钱，才能发货。犹豫再三，她做了一个疯狂的举动，她用自己身上仅有的500元买了一份产品给大爷邮寄过去，那可是她身上全部的积蓄。一旦大爷是个骗子，那就意味着她接下来的一周连吃饭的钱也没有了。这一举动，等于她把自己推到了悬崖边，可是她明白，这也是一个机会，是她第一次可能销售成功的机会。

产品寄出去了，朋友在邮寄产品的时候还顺带寄了一封信，信里写明了产品的使用方法和注意事项，她怕大爷看不清，用彩色笔着重勾画。并且告诉大爷，公司本来规定是先付款再发货的，但是看大爷真诚，于是自己掏钱付了，之后如果大爷觉得效果不错，还请方便汇款给她。

就这样，她心急如焚地等着，日子一天天过去。就在她认为大爷是个骗子，快要绝望透顶的时候，奇迹发生了。女孩收到银行发来的讯息，说已收到大爷汇来的500元钱，还另外寄了1500元，让买产品。

从那以后，大爷先是她的第一位客户，后变成了老客户，并且也向身边的人推荐这款产品。之后的工作，她坚信自己亲笔写更能体现诚心，短短一个月内，女孩用掉的书信纸就有三大本这么多……一年之后，女孩每月工资已经到了一万多，这比她最初工作的月工资高出十多倍，更不用说还有奖金之类的了。

公司每隔一段时间都会定期举行回访活动，有人还特意去找到了当初买她第一份产品的大爷。

他说最开始选择他们公司很大程度上确实因为看到了我朋友写来的信。因为不会有人相信这样一个真诚的人会是一个骗子。而且竟然敢用自己的钱给顾客“埋单”……多年之后，朋友成为这家公司唯一一位只有高中学历的主管经理，年薪已经达到三十多万元了。

朋友的故事让我感触颇多。再看看那些和她同龄的人，如今还在依旧抱怨这个社会，抱怨自己的工作是多么不满意。可是我真的想问那些人，你们去尽自己最大的努力了吗？

现在，有很多年轻人崇拜马云，很大原因在于马云最开始和我们一样都是貌不惊人、资质平凡、家境一般的普通人，都是从最底层的社会往上一步步爬的。可就是这样一个普通的人，靠着坚持努力，走到了今天这一步，创造了今天的阿里巴巴。

多年后马云来到自己最初创业时创立的海博翻译社，简简单单写下四个大字：永不放弃。这就像是在传达一种信念，生活中我们必然会遇到许多无法解决的事，这些事可能不会轻易被解决，但是只要有一颗永不放弃的心，奇迹就必然会发生。

每个人在成功之前都会经历一段痛苦难熬的日子。这些时刻，我们会退缩，会害怕，会担心，会有忧虑。但这时候我们一定不要忘记自己的目标，一定不要放弃自己的勇气。这时候，我们需要花费比以往更多的精力在目标之上，多年之后，当你回过头时一定会发现，原来自己也可以这样优秀！

我们每个人再回过头来看看来时走过的路，突然惊讶于自己现在达到的高度，而现在这个时候的自己，就是当初那个想要的自己。

在孤独中学会忍耐

那个时候，天还是这么蓝，白云无忧无虑地飘在天上，地上那个少年在青春的田野里，追逐着自己的梦想和希望。那段让人印象深刻的记忆，就是成长的日子。

一个人的真正成长不是一个渐变的过程，而是在一瞬间，突然就发现自己长大了。曾经在某个阶段，我们一直迷茫，不知道自己到底应该忙什么。可是突然某一天，我们竟然听到自己的内心“叮”的一声，就像是坐上了哆啦A梦的时光机，一瞬间来到了成人的世界。自那以后，青春似乎就和我们再也扯不上任何关系了。

从小成绩优秀的我，考上重点中学时，身边的亲戚、邻居都欢呼：“我们村里要出人才了。”我现在还记得母亲当时看我，那种由内到外的自豪感，似乎我的一只脚已经迈进了大学。

本以为我的人生就这样一飞冲天了。结果天不遂人愿，满怀着激情和梦想的我在高考前体检时，被查出患上了肝炎，就这样我止步在高考的门口。当我听到这个消息的时候，犹如晴天霹雳，整个人都慌了，全身都在发抖，泪流满面。

经过一年的积极治疗，我康复了。在我的再三恳求之下，父亲跟亲戚朋友好不容易借到了钱，让我去复读。可是因为这事，我开始听到周围人的风言风语："肯定是祖辈的风水不好……"

在种种压力之下，我继续努力学习，但是命运又跟我开了第二次玩笑。高考时仅仅以两分之差，与梦想中的大学失之交臂。

希望就像冬日里原野上的火花，瞬间就踪迹全无。身边的同学一个个兴高采烈地准备到大学的校园里生活，只有我自己一个人在孤独的角落里无人问津。渐渐地，我成了别人茶余饭后的谈资。

没人知道那段日子我是怎么熬过来的。父亲依旧每天扛着锄头去干农活，我一声不吭地跟在父亲后面，连大气都不敢出一口。每天顶着大太阳去地里干活，身体上受尽煎熬；精神上每天都在被邻里街坊们嘲笑。短短一个星期下来，我的皮肤变得又黑又黄，整个人也变得苍老了很多。

那时候，家里终日死气沉沉，气氛压抑得让人透不过气来。我知道这一切都是由我高考落榜带来的。白天的时候，我只有靠着疯狂的劳动来填满自己的内心；到了晚上，在漆黑的夜里泪水陪我度过。

我想要再来一次机会，我想要重新改变，但是我没有勇气再说出想要复读的想法。一是害怕自己再次落榜，无法面对自己；二是我家里现在的经济状况，已经不可能再去承担一次我复读地打击了。这笔开销太庞大了。

直到有一天，父亲干活累了在地里休息的时候，一边拍着烟，一边止不住地叹气。我才知道，父亲在两个月前嫁接的树苗全都枯死了。我走到树苗跟前，看了看，随手拔起一株就对父亲说："你连根部包裹着的这层膜都没有撕开就放进地里，里面的新芽全都被憋死了。而且还不喷洒农药，虫子把树芽都给蛀死了。"

父亲惊讶地看着我，然后低头盯着死去的树苗，过了半天才憋出一句话："孩子，你说实话，是不是还想继续上学？"

我咬咬牙，"是！"

"行，那你明天就去报名。"父亲看着远方的天空，深吸了一口烟之后，缓缓地吐出来说道。

没过几天，父亲手里拿着卖猪的钱，把其中一部分钱给了我交学费，另外一部分钱用来购买新的树苗。

这一次，父亲带着我把树苗小心翼翼地栽种在土里，而且每做一个动作，都要问我这样做对不对。我突然感觉父亲竟像一个小孩一样，其实他也怕这最后的"希望树苗"还没有成长起来就消亡了。

去上学的那天，父亲说亲自送我去学校，一路上帮我提着行李。一句话都没有说，但是在临上车前，父亲一字一句地说道：

“这是最后一次机会了，孩子，你要好好珍惜啊！”

那一年，我真的是铆足劲儿，精神头永远跟打了鸡血一样。我只是想要得到一个结果，证明我有上大学的机会。最终，我也确实拿到了录取通知书。三年了，整整三年，我顶住那么大的压力，终于进入大学校园。

那一天，我依然能清楚地记得，母亲在我面前哭得不成人样，就连父亲，眼眶里也是饱含热泪。

现在我已经工作，在一家世界500强企业里做管理。再次记忆起那段“惨绝人寰”的复读时光，虽然那个时候是那么悲伤和孤单，但是仍然感激那时候的坚持。著名青年作家刘同曾经说过一句话：“愿你比别人更不怕独处，愿未来你会被自己感动。”

生活中我们经常会面临一些考验，每个人总会经历一段孤独的岁月，让自己坚韧起来，让自己坚持，才可以破茧成蝶。只有在孤独中学会忍耐，坚持着自己的理想，强健自己的体格，不断丰满自己的羽翼，才能获得成功。

那段让人印象深刻的记忆，就是成长的日子。我永远坚信，那些曾经逝去的东西，只要坚持着去追寻，它终将还会在某一天回来。

真正让世界恐惧的，是你的认真

男孩很年轻，才20岁出头的样子，长相普普通通，他选择了快递这个工作，平常总是戴着一副厚厚的眼镜。男孩一看就知道是个新手，刚出去跑单时，总是一本正经地穿着正装，打着领带。他的性格很腼腆内向，有时候在众人面前说句话脸都会红。

那是我第一次见他，他说了自己是哪个公司的，很认真地把自己的名片给了我们就走了。因为男孩穿着皮鞋，走廊的地板上发出清脆的响声，我的同事还在疑惑地说，这小子做快递竟然穿着皮鞋，不觉得累吗？

过了几天，公司同事要发邮件，刚好看到他的名片就在最上面，同事给他打电话过去，过了没一会儿他就过来了。还是穿着皮鞋，打着领带，依旧是那一副腼腆的样子。

他填完单子，很郑重地说了声谢谢，同事把零钱给他，他也是双手接过去的，就像完成了一件很神圣的事情一样。

他总是这么端庄，也很正式，而且我每次见他的时候都是那套衣服以至于我很容易就记住了他。也许是因为刚刚才干这一行，他比许多人做事都要认真，整个邮寄的过程他要再三地确认，直到没有错才会离开。所以他的工作效率看起来并不高，赚的钱也比别人少。有时候真心觉得他做这个行业不会很长久。

五一放假的前一天中午，公司门口有人在敲门，我开门一看，是他。这一次他穿的衣服是浅色系的，打扮依旧很正式，手里拿了一袋苹果。他害羞地进了门。

同事看到他说："原来是你？有我们的快递吗？"他摇了摇头，把苹果放在桌上说："因为我的第一笔订单是在这里得到的，我想给大家送一袋苹果，感谢大家的照顾，也祝你们五一节快乐。"

突然间我们都有点不好意思，从来没有接到过和工作没有关系的人送来的礼物。但是这个小伙子，他的名字叫萧源子，他只是一个快递工作者，可是却对顾客这么上心，我们用他的快递，也是无意之举。他把苹果留下来之后，转身道别出去了。

苹果的味道有点酸酸的，但我们没有人挑剔。大家吃完之后，说："这小孩很真诚。"

或许是因为他的真诚，也许是因为他送的苹果，之后我们的快递都选择了他。经过多次的接触，大家彼此熟了，即使在炎热的夏天，他也身穿正装，皮鞋擦得锃亮。有时同事跟他开玩笑，你这模样挺像卖保险的，一点都不像送快递的。

他看着我们说："卖保险的穿得这么正式，难道送快递不也应该这么正式吗？记得我在培训的时候，公司领导说，见客户就一定得穿戴整齐，这样才显得尊重对方。"

这么简单的工作，即使他以如此认真的态度做，但最后又能有多大的前途呢？不过他倒不介意，不在乎别人的想法，只专注自己的工作。

结果这工作他一干就是三年。三年里他的衣服一直都很正式，很干净，他还是那么腼腆，除了眼镜换了，他依旧是很认真地工作，我们从来没有听到他抱怨。

那天我又叫他取快递。快递的东西是给我一个大学同学的，他在一所中专学校教书，国庆节准备结婚，这是我给他的新婚礼物。萧源子看到中学的名字，吃惊地说："这是我当初上学的地方。"他声音大得吓到了我。不敢相信！想不到这个小伙子竟然是一所学校的中专生。

接着他害羞地低着头说："当初以为工作很好找，结果发现太难了。本来家就是农村的，念到中专毕业就已经很不错了。看到快递公司在招人，我就抱着试一试的心态去了……"

我感觉有些不值："那你学的东西不都白白浪费了吗？"

"不会啊？快递也是很考验人的。你要把客户服务好，要分批分层次地掌握客户的类型，而且需要知道在哪个地方，要准备什么东西，这些都是需要统筹规划的。知识是不会白学的。"他笑了笑。

我对他刮目相看，想不到他这么聪明，而且这么有心。

五一又要到了，公司会发很多东西。萧源子打电话来说稍后就到，结果我们等来的是一个更年轻的女孩。女孩对我们说：“我是萧经理派来取东西的。”

当时我没反应过来，说：“他成经理了？”

“对呀。”女孩笑着说，“去年年底公司老板升他为分公司经理……”

那天我不知道为什么感觉很高兴，或许是因为萧源子的晋升。

下午的时候，公司门卫给我们拿来一个箱子，说是送给我们的礼物，打开一看，里面全是苹果。虽然没有留名，可是我们知道寄件人是谁。大家很开心地吃着苹果。

苹果很大、很甜。可是我们看到在苹果的背后，是他满满的心意。

让世界感到真正恐惧的是，是一直都认真的人。绝对的认真，持之以恒的认真，会让你所向无敌。

//

让世界感到真正恐惧的是，是一直都认真的人。绝对的认真，持之以恒的认真，会让你所向无敌。

我很胆小，可不惧失败

2006年的夏天，我一个人买了火车票去广州。花了半个多月的时间，我跑了好几次的招聘会，差不多来来回回参加了四十场面试，但结果依旧是天不遂人愿，没找到工作。

后来从广州飘到泉州，再到福州，之后来到石狮，最后到晋江。我身上的钱眼看就要花光了，除了最后回家的车票钱不能动之外，食宿、餐饮等，我已经快支撑不下去了。

躺在宾馆里正盘算着口袋里仅剩下来的钱。我不知道自己是否该继续这样坚持下去。

闷热的夏天，漆黑的夜让人感觉格外心烦。同屋有位大哥，和我一样，也是听说这儿有招聘会，急急忙忙赶来的。他从包里抽出一根烟，问我来一根吗？我拒绝了。

结果第二天一早那个大哥急性肠胃炎发作。无奈，当时只有我在，所以我陪大哥去医院打吊瓶，好不容易输了液情况才有点好转。那两天我们聊了很久，也聊了很多东西。

输液的第二天，大哥就接到了要他去面试的电话，其实我想劝他养好身体再说吧，他不愿意，担心万一就这样错过了机会，他会后悔的。我只得答应了他，陪他一起去公司面试，可不承想，我却机缘巧合在这里得到了一个工作的机会。

在本地分公司实习了一段时间之后，我就被调到公司总部。总部在大连的一个小镇上，靠近海的位置。虽然公司离这个小城的滨海大道很近，可是我一直都在忙着工作，根本没有时间去走走看看。

虽然这里的条件艰苦。可我依旧还是要继续努力，再难熬我也要熬过去，我不能让自己的汗水白流，我不能让自己白走一遭。

没有任何理由，也不需要过多的解释。现实生活就是这么残酷，老板不可能会教你去做事，你只有自己去领悟其中的道理。

就这样好不容易扛到了能够被老板赏识的时候，但工作更加忙碌和琐碎起来。刚做管理层生怕出错，基本上所有的环节都要亲力亲为。南方的冬天很冷，没有暖气。不过好在自己工作的地方有暖气，虽然还有一台上不了网的电脑，但是能够看碟片我已经很知足了。

为了工作，后来我自己搬到工作室去住。把公司历年来设计的资料全都找了出来，开始仔细对比，找出往年的设计图纸，看看自己到底和别人的差距在什么地方，然后拿个本子记录下来，找到解决问题的办法。

我开始试着去使用那台老旧的机器，因为我想要看看能不能重新启动。之后再把现在的资料扫描进去，然后再把它设计打印出来。没想到这样做的结果竟然还被老板认同了。在这个工作中，我也开始懂得为人处世的原则和方法。我只是想证明自己不是那么没用，想要找到自己存在的意义和价值在哪里。

2005年3月的一天，我认为自己已经准备得比较充足，我提出了离职，收拾好行李来到上海。没想到我来上海的第一个晚上是在公司的走廊上睡觉。虽然有点冷，但是不影响我的心情。新宿舍没有安排好，所以一切都还得等着。

我几乎是以一种置之死地而后生的状态来到上海的，五天后，公司主编过来告诉我："你好像对日本了解很少，基本上就知道宫崎骏，日本的动漫还有很多。而且你好像日语也不怎么样，唯一可以看得过去的就是你的文采。所以你要有心理准备，如果我们一旦找到比你更优秀的人，可能就会第一时间辞掉你。"

没错，虽然知道这是公司惯用的手段，但是正是因为这句话，我在接下来整整半年的实习时间内，拼命学习日语，每天都是公司最晚一个离开，我买了日语自学教材。并且像当初做设计那样，我把公司这十多年的策划全部看完，强行要求自己去了解日本的动漫文化和知识。

公司没有辞退我，我从最初的员工已经做到了管理层，现在的工资是以前的三倍还多，一日三餐可以想吃什么就吃什么。不用再像以前那样做苦力。现在每天做的都是自己喜欢的事情，生活对于我来说，几乎没有什么压力，相比以前，这些我想都不敢想。

这条路是我自己坚持选择的，所以中间遇到什么困难和误解，我都不会后悔。我喜欢自己的工作，就努力去做好，这才对得起自己。我想要在这个城市留下来，我也一直笃信，我一定会留在这座城市，就这样过了十年，我在这座城市待了整整十年。

我很胆小，会怕许多东西。怕被人轻视，怕被人看不起，怕被拒之于千里之外。但是我偏偏不怕失败，不怕挫折。因为我知道，很多东西都是在自己经历过后，才会明白。这些东西会慢慢深入你的骨髓，让你变得越来越勇敢，越来越无所畏惧。

陪我们哭泣的人
只有自己

一个人的一生中，可能都会有流眼泪的时候，也都会有过不去的坎儿。不要期望在每一次流泪的时候，身边都有人陪着你，可以给你肩膀依靠；因为人一生的很多阶段中，唯一能依靠的人只有自己。很多时候，漫漫长夜和寂寥人生，陪我们度过的是我们自己，也只可能是我们自己。

小丽第一次看到三泰，是坐火车去江西景德镇的时候。那是一个春天，小丽准备一个人去看看外面的世界。窗外阳光明媚，万物复苏，一派姹紫嫣红的繁荣景象。可是小丽的心却如同阴沉的天空那样，耳机里一直单曲循环着阿桑的《一直很安静》。

不知道是谁说过，伤心的时候听听悲伤的歌就会好起来。小丽就是以这种方式“疗伤”，可是听着听着，她还是难以控制自己的悲伤，眼泪哗哗哗地流了出来。到最后，像决了堤的河水一般泛滥起来，并一发不可收拾。

小丽一直沉浸在深深的悲伤中，坐她对面的三泰实在看不下去了。一把扯下小丽的耳机："我说，你到底哭够了没有？你哭了半个小时，我也看你半小时了。"

小丽被突如其来的举动吓到了，定了定神，小声说道："算个男人吗？都不知道安慰一下，人家好歹是个女孩子。亏你长得这么斯文，戴着眼镜，手里还拿本书呢，装模作样是吧！怜香惜玉都不懂。"

三泰不理她了。

小丽被气得火冒三丈，虽然自己不算国色天香那种，但是好歹也是公认的小美女，平时没有男生敢如此怠慢自己，偏偏眼前这个不伦不类的家伙竟然一点都不讲礼貌，也不正眼看我一眼。

三泰依旧自己看着书。没隔多久，小丽的眼前也出现了一本书，只看到书上有一排用笔画着的字："女孩，你一定要记得，这世上没有谁是应该对谁低眉顺眼的。不会在乎你是漂亮的女孩或者可怜的女孩，就会对你温柔以待。你也不可能要求有个人能够在你刚好哭泣的时候，出现在你身边，然后给你依靠。说到底你想要去依赖别人，那你还不如依靠自己。把自己变成那个值得依赖的人，在解救自己的同时，也能够解救别人。"

小丽看完之后，把脸望向窗外。确实，就凭自己的相貌，每次表现出楚楚可怜的样子，几乎无往不利，几乎每次都会有一群男生过来围着她，问东问西。小丽深谙其中的道理，于是她知道怎样做才能激起男生们的保护欲。每一次的哭泣都能换来一个短暂的依靠，但是小丽想要长久的爱情。

车快要到终点站了。小丽看着三泰很轻松地拿下行李，可是自己的行李要怎么办？当初是旁边的一个大哥帮小丽放上去的，可是现在自己一个小女子怎么可能搬得动。周围的人都在忙着收拾自己的东西，没有人注意到紧张的她。

小丽嘀咕着：“像我这么漂亮的女孩子，是不应该拿行李箱的。”正说着，小丽转头一看，旁边一个比她矮半个头的娇俏女孩正站在座椅上，艰难地从行李架上取下自己的行李。小丽看着很吃惊，她以为这类型的女孩都是柔弱的，等着别人去帮忙。

火车眼看已经停稳了，但是自己的行李还放在架子上，她四周环看了一遍，想要寻找一个年轻的男孩帮她拿下行李，可是每个人都在忙着收拾自己的东西，没人顾得上她，最后逼不得已，她只能自己去拿行李了。这才发觉其实远远没有想象中的那么困难，本来她的行李也不多。

在景德镇的一片花海里，两人又相遇了，两人各自赏着花，之后互相说了一句再见就分开了。

天渐渐黑了下来。小丽独自一人回到宾馆，结果命运第三次让他们相遇。在以往的相遇里，小丽从来没有想过会和一个男人一天偶遇三次，而且还偏偏是那种自己啃不动的男人。

宾馆是镇上一个农人开的，老板一家四口人，他们有两个可爱的孩子。老板娘今年五十多岁了，性格开朗热情。小丽进屋的那一刻看到老板娘在那坐着正削着山药，旁边的三泰在洗手。看情况他们似乎相谈甚欢。

小丽不理会三泰，看到阿姨手上竟然开始有些发红的小点。急忙问道：“我还记得小时候第一次给山药削皮，我的手也起小红点，然后特别痒。虽然山药的味道很香，但是从那以后我就再也没有吃过了。您不怕痒吗，阿姨？”

老板娘一边微笑着，一边继续刮山药皮，“不打紧，我们山里人皮糙肉厚的，只要忍着，一会儿就没事了。时间会掩盖所有的伤痛”。

老板娘言者无意，可是听者有心啊。

小丽开始省悟，为什么自己身边兜兜转转的人这么多，但是却没有一个愿意留下来的？

正迷茫时，三泰递给了她一张字条：每一个美好的人生，不是在当你想哭的时候，别人能借给你一个肩膀依靠；而是当你打算自己一个人准备扛过去的时候，这时候有一个人能够把他的肩膀借给你。你能够依靠在这个人身上，感受他的每一次呼吸，才能体会两颗心之间的跳动。

小丽看完，会心地露出笑容。从现在开始，她要正式努力，去学习更多知识，赚更多的钱，希望有一天能够和自己爱的人走遍祖国的大好河山。

也许，未来的某一天，小丽会再一次遇见三泰，那时候，她想要把肩膀借给三泰，去听一听他心里的故事。

自己认定的路，就是爬也要爬过去

三个月前的高中同学聚会，那是我最后一次看到陈情。那天陈情穿得很随意，戴着大大的黑框眼镜，整个人完全没有一点精气神地出现在我们面前，如同一个刚从战场上下来的人一样。

那晚的聚会，我对陈情印象最深。或许是因为他告诉了我他大学毕业后的曲折历程吧。陈情的家境还可以。大学毕业之后，他找父母借了一笔钱自己创业开了一家服装公司，可是偏偏赶上那年的生意难做，自己也没有创业经验，过了一年，公司倒闭关门，创业以失败告终。

后来，他北上和舅舅做金融，不到半年的时间，因为一次失误亏损了不少钱，为此他自责了很久，也感觉自己无脸面对舅舅，于是离开了北京。

之后，陈情和一个朋友合伙在丽江开了家酒吧，最开始的时候，生意很不错。渐渐地，陈情除了挣钱，这家酒吧没给他带来什么别的价值存在感。他越来越觉得没有什么意思，于是开始消极怠工，加上自己的朋友忙着去谈恋爱了，大家都顾不上酒吧的生意。没过多久，基本上店里就没有客人了。最后，迫于无奈，他又以低价将酒吧转给了别人。

在几年的时间内，陈情换了N多份工作，做过几次创业投资，可是每一次都中途夭折了，以失败告终。从来没有坚持到最后，就这么放弃了。整个聚会过程中，陈情一直闷着头吃饭喝酒。看到曾经那些条件不如自己的同学如今都混得有声有色，心里不免有些失落。

可是成功从来就不容易，我们总是期望能有一个好的平台，有一个好的发展机会，可是最后还是失败，归根结底，还是因为没有坚持到底。

韩国有一名年轻的女运动员，名叫金恩星。2012年伦敦奥运会的时候，5月19日这天举行的赛事有现代五项资格赛的女子个人决赛。本来在比赛的一开始金恩星都处在领先位置，结果距离终点还差5米的时候，意外发生了，谁也没有想到她在冲刺的时候突然摔倒。

尽管是摔在草地上，可是冲刺的时候用力太猛，她的左脚踝严重扭伤，整个人趴在地上起不来，右侧股关节也错位，右手因为着地时脱臼了。眼看着身边一个个运动员飞驰而过，金恩星努力站起来，可是实在太疼了，根本无法站起来。

时间在飞快流逝，但是自己拼尽全力也无法站起来。是不是该放弃继续比赛了？金恩星知道作为一个运动员如果放弃了，那就没资格再谈什么体育精神，可是现在的自己都不能站起来，怎么办呢？于是，一个念头从她脑海里产生。她要爬过去！

于是，在当天的比赛现场，大家看到金恩星凭着一只左手的力量，在地上艰难前行。可是身体每动一下都会传来难以忍受的痛苦，才爬到半米的距离，金恩星的额头上已经满是汗水，那是剧烈疼痛带来的。可是她依然不放弃地继续往前爬去，身上的衣服已经被汗水浸透了，她痛得咬紧牙关，脸色也变得越发苍白，浑身的肌肉因为疼痛而剧烈颤抖。旁边的裁判和教练看不下去了，纷纷表示让她不要再继续下去了，她没有理会。紧接着，一旁的医生也跑过来劝她，赶紧放弃比赛，你的伤势必须马上治疗。她只是回了三个字："我没事！"

看台上开始有人在呼喊她的名字，一个，两个，一百个，一千个，到最后所有的人都为她呐喊加油："金恩星、金恩星、金恩星……"

就这样，金恩星靠着铁一般的意志继续向终点爬去，还剩3米、2米、1米……短短的五米的距离，金恩星竟然爬了20分钟！当她爬到终点时，所有人都从看台上站起来为她欢呼、为她呐喊，这个时候，金恩星因为剧痛昏过去了。

在这场比赛中，金恩星成绩无奈地成为最后一名，可是她坚持到底的精神感动了全世界。比赛结束时，裁判官约翰逊说道："冲刺的姿势有很多种，爬也是其中一种。金恩星的体育精神值得我们被感动。”

冲刺的姿势里，爬也算。

人只有在压力面前才会爆发出无限的可能。我们在面对任何困难的时候都不应该放弃。在本该挥洒汗水的时候，却选择了安逸度日；在本该辛勤劳作的时候，选择了荒废年华；在本应努力收获的年纪，选择了懒惰，以碌碌无为收场。本来我们应该有足够的资本去奋发图强，结果因为怕受苦受累，而不愿去做。

想要成为美丽的蝴蝶，就必须忍受破茧时的痛苦；想要成为高贵的凤凰，就必须通过浴火的历练才能获得重生。

马云曾经说过：自己认定好的路，就是爬也要爬过去。

没有人的成功之路会一帆风顺，我们总会遇到各种各样的磨难和不幸，但是一定要努力坚持，不要忘记前进的方向，一步一步向着远方的目标前行，哪怕坎坷，哪怕泥泞，哪怕伤痕累累，也要心甘情愿，昂首前行。

摔倒还能站起来继续前行，才叫作奋斗

有的人跌倒之后再也爬不起来，他们从此以后对自己曾经的辉煌津津乐道，沉湎于过去。不过我们要明白的是，如果成功可以这么容易的话，还需要这些所谓的正能量来干什么？跌倒之后从此灰心丧气，停留在原地的叫作放弃；而那些跌倒之后却还能依旧爬起来，并且继续前行的人，才能够被称之为奋斗。

以前，我认为自由就是可以随心所欲去做自己想做的事，不受任何人约束。所以我时常感到郁闷和困惑，我只是想要自由，为什么这样一个小小的要求都无法实现呢……

我在一个偶然的机会里，听到一位客座教授说："自由不是你想做什么就做什么，而是你不想去做什么就做什么。因为人生在世，做事时要考虑的东西太多了，到最后我们迫不得已选择只能去做某事。自由的获得并不是这么简单的事情，只有当你努力过后，取得成功之后你或许才能够有资格说要过自由的生活。

工作中我总是尽职尽责，包括处理各种琐事。时间一长，我发现自己做的事和最初的梦想毫无关系。

我不知道该怎么办，恰好这时遇到了一家合作公司的策划负责人白洛。由于工作方面的事，再加上两人性格也合得来，我们很快成了朋友。

一天苦闷时，我跟她说到了现在的情况。

“我很赞同那位教授说的话，没有人能够做到随心所欲，因为还有道德、法律、社会舆论的制约。”她淡淡地说道，“别看我现在这么自由，我也经历了很多苦难，现在的一切都是当初奋斗的结果。”

她的眼睛突然望向远方的天空，像是在回忆着过去的点滴。突然间的这种安静让我感到她从前的日子必定不好过。她继续娓娓道来。

“你可能想不到。2008年汶川大地震你还记得吧，除了我，我的家人在那场地震中全部遇难。我没有接受国家的补贴，因为再多钱都无法弥补失去所有亲人的痛。于是我回到这里，继续工作，像母亲当初告诉我的那样，好好地工作过日子，将来有一天要出人头地，做个体面的城里人。”

我没想到原来表面上看起来乐观阳光、整天都嘻嘻哈哈的她，竟然有这种让人潸然的身世。我递给她纸巾，她拒绝了，我看到她强忍着泪水说道："从那以后，我就告诉自己，绝不要再流下眼泪，因为哭是解决不了任何问题的。"

她笑了笑，"为了能拿到销售业绩，我拼命开单，几乎除了陪睡觉之外，我什么方法都试过了。我酒量不行，却还是陪客户喝到吐血，被120送去医院了三次。可即便如此拼命，我的业绩还是不如别人，最后我自觉地递交了辞职报告"。

"那时候，我落魄到住在只能放下一张床的地下室里。阴暗潮湿，白天外出找工作，晚上回家倒头就睡，不知道自己努力的方向在哪。"

"知道我为什么喝咖啡从来不加糖吗？"她停下来突然问我。

"习惯了？"

"还算你聪明，一猜就中。"她接着说，"后来我终于找到了一份策划的工作，虽然工资不高，但是为了能够离开这个可怕的地方，我毫不犹豫选择了这份职业。公司主要负责酒店管理，工作环境很不错。因为从来没有接触过策划这一块，我向身边的同事请教，他们却以各种理由推脱，那一刻我深深体会到了职场的潜规则。于是我只有自己去上网学习，平常的聚会我都是被排挤的那一个，每当这时候我都会深深陷入自卑当中。而且因为是第一次做策划这类的工作，我经常犯错误。那个阶段，对于未来，我迷茫、不知所措，惶惶不可终日。"

"后来，我结识了一位从事策划的人，没有退路的我毅然决然地选择跟他学习。再后来，我们就结婚了。可以说，他就是我的启蒙老师。”白洛之后又另外点了两杯咖啡，特地吩咐服务员给我的那杯放糖。“我的第一份策划方案被人贬得一文不值，之后的第二份方案还让他白挨一顿批。尽管这样，当所有人都在否定我的时候，他依然选择了站在我这边，并且继续耐心指导我。”

在自己最无能为力的时候，有这样一个人支持和鼓励你，只要还有一丁点的继续下去的动力，都不会中途放弃。

“整整用了一年的时间，我终于能够独当一面，可以自己独立策划方案。从那时起，终于有人可以肯定我了。渐渐地，从一年完成几个策划方案到现在一年可以完成四十多场方案活动，我终于走到了现在这个地步。可以拒绝做那些我不想做的事。或许现在的这种生活就是那位教授口中的自由吧。可是为了得到这个自由，我们就必须去奋斗。”最后一句话，她坚定地看着我说。

十年的时间，白洛才拥有了这份“自由”。

看着她开着价值几百万元的车潇洒离去，我感觉自己找到了人生方向，心中也开始明朗起来，我一直梦想着的自由原来不是想做什么就做什么，而是一种灵魂的释放和解脱，可以自由地决定自己不做什么。通过努力，让自己获得自信，月自信来驱赶内心的压力，当你奋斗到一定高度，自然会找到这种感觉。

所以，自由是什么？自由是奋斗的结果。

我有很长一段时间迷茫，迷茫自己追寻的自由到底在哪里。现在明白了，愿也处在迷茫中的你，能够快速找到适合自己的路，找到了就沿着路往前走吧。

可能会跌倒，但是不要怕，站起来，继续走。

SIX

永不退缩，勇敢做自己

心态决定命运。那么，什么是心态呢？就是在你内心深处，对这个世界的看法。这句话确实毫无夸张的成分。我们一生能取得的高度依靠什么呢？

正能量
比智慧更重要

美国西点军校的一句名言：你的心态决定了你的一切。

还有一句我们耳熟能详的话：心态决定命运。那么，什么是心态呢？就是在你内心深处，对这个世界的看法。这句话确实毫无夸张的成分。我们一生能取得的高度依靠什么呢？教育、环境、智慧等这些看起来似乎都很重要。但是一个最重要的因素就是一颗积极向上的心，没有这个良好的心态，我们就很难有所作为。

有两个极度口渴的人面前放着半杯水，内心消极的人就会说："真倒霉，只剩下半杯水了。"但是内心积极的人看到后会说："太好了，竟然还有半杯水！"你看，造成快乐的原因其实并不是面前的水，而是人在面对这些水的时候，持有的是何种心态。

心态会影响一个人做事情时的角度和思路，决定着一个人能够到达何种高度，是否能够把这件事做得更好、做得更完美。

一家公司老板发一封电子邮件给另一家公司的经理，结果连续几次发送，都显示被退回。经理让自己的秘书去查看原因。秘书做事很消极，她经常觉得自己大材小用，感觉自己工作只是在被经理剥削、压榨，内心感到十分委屈和不快；另外，每天看着经理开着豪车，出入各种高档场所，感觉什么事都不做还生活得很体面，于是她内心很不平衡，一想到这件事心里就不畅快。每天都以这种消极的心态干活，根本就没有去查到底是什么原因，她给经理说可能是邮箱满了吧。

可是一周的时间过去了，经理还是没有收到邮件，秘书的回答依旧是邮箱太满，等一段时间就好。结果因为耽搁的时间太长，两家公司的合作项目被取消了。公司经理一怒之下，开除了秘书。

同样的事情发生在另一位秘书身上，虽然不是“985”“211”名校毕业，只是自己参加自考，取得了本科学历之后，来到这家外贸公司上班。本来的意向是经理秘书，但是最后却被调剂安排做了文员，没有什么技术含量，工作很枯燥，也就是发发传真，打印文件之类的。但是她感觉自己能找到一份工作已经很不容易，最终还是答应了。她认为自己既然选择了这份工作，那就不能眼高手低，必须努力把这份工作做好。于是她在新工作中努力工作，对于同事们交代的每一件事情，她总是一丝不苟地完成，没有任何怨言。

一次，公司经理很着急地让她复印一份合同，公司等着谈判要用。一贯细致的她还是快速浏览一遍合同，结果经理在一旁看她拖拉，又要催促的时候，她指出其中一处错误给经理看。这一看吓了经理一跳，原来自己太过匆忙，写金额的时候多打了一个零，没想到就这几秒钟的时候，她为公司挽回了几百万元的损失，很快经理就把她调到自己身边做秘书。

显然，同样都是做秘书的工作。为什么前后两人的待遇会有这么大的不同？原因就是心态的不同。第一个秘书做事消极，对于造成什么后果不管不顾，试问这样的秘书有哪个老板敢用？而另一个秘书呢，不管自己做的是再不起眼的工作，都会全身心投入，力求把每件事情都做到最好。甚至对自己额外的工作也仔细认真。虽然学历不高，但是这种认真负责的态度，积极向上的心态完全弥补了学历上的不足。

没有一颗积极向上的心的人，做任何事情都是随随便便、马马虎虎的，就算学历再高，天资再聪明，也很难取得成功。取得成功的人，往往是那些内心积极向上的、充满正能量的人。

世上无难事，只怕有心人。我们想要完成一件事，就必须坚定不移地朝着这个方向去努力，不怕苦，不怕累，表现出我们的热情和活力，才能够在遇到挫折的时候不气馁，直面人生的种种挑战，这样我们才能取得更好的成绩，达到成功的顶峰。

在很多顶级的销售团队中，有一本书他们奉为圭臬：《世界上最伟大的推销员》。这本书充满了正能量，可以激发出他们内心的热情，能够让他们勇往直前，一冲到底，达到提升业绩的作用。我简单地节选几段出来，让大家感受一下：

“我们会用自己全身心的爱来对待生活，因为这是成功的法宝。只有爱才是打开心扉的良药，才具有无与伦比的力量。才可以成为战斗的强力武器。”

“我也不会考虑失败，因为这一切我都会去尽量避免。我会辛勤耕耘，努力奋斗，我相信苦难的尽头必是幸福的绿洲。”

“我是独一无二的，也是大自然最伟大的奇迹。我的所有都与众不同，从前不会有这样的我，现在只有我一个，未来也不会有这样的我。我，就是我，是颜色不一样的烟火。”

成功需要多方面的协调和努力，但是如果不能时刻保持着一颗积极向上的心，就算有再多优秀的条件，也难以成功。因为，正能量比智慧远远重要。

只要你愿意，每天都可以快乐

人是感性的动物，“天昏昏兮人郁郁”。表明人或多或少都会受到外界环境的影响。如果外面阴雨绵绵，昏天暗地，我们的心情也会受其影响，很难开心起来。如果外面是艳阳高照，蓝天白云，就会感觉心情舒畅，似乎随时可以放声高歌，表达自己内心的喜悦之情，满满的都是正能量。

然而天气始终是天气，真正左右我们的不过是自己的心情变化罢了。面对这种因外界环境而产生的负能量，我们很容易情绪失控，无法安心做事，产生各种伤春悲秋的情怀。这表明自己已经被情绪所左右了。

1965年9月7日，美国纽约正举行世界台球冠军争夺赛，路易斯·福克斯一副成竹在胸的模样，因为他比对手高出好多分，只要接下来发挥正常，冠军基本上就是他的了。又该他上场了，只要轻轻挥杆拿下这一球，比赛就可以结束了。可是发生了一件意料之外的事：场内不知道从哪冒出来的一只苍蝇落到了主球上。

路易斯·福克斯一开始也并没与在意，只是挥挥手赶走了苍蝇，可是当他俯身继续打球的时候，苍蝇又飞回来了。他挥挥手继续赶走苍蝇，这时场内已经有人在笑了。可是偏偏这只苍蝇就似乎认定了要跟他耗上，就这样再一次落在了球上。于是人们就这样看着他和苍蝇之间的斗争。

路易斯的情绪已经被这只苍蝇惹恼了，他再也控制不住，用球杆去打苍蝇，结果不小心碰到了台球，就这样被裁判判了击球。对手看到惹恼的路易斯，瞬间信心大增，过五关斩六将，终于追赶上来。而路易斯接下来受刚才的事情影响，发挥失常，最终将冠军拱手他人。

路易斯满脸懊悔地走出赛场，第二天就传出了他自杀的新闻。

没想到一个世界冠军就这样被一只弱小的苍蝇击败了。人们感到不可思议的同时，也在反思这件事情。本来路易斯基本上已经坐实了世界冠军这个宝座，但是却因为受外界环境影响，没有控制好自己的情绪，导致了比赛的失败结局，丢掉了成绩，也丢掉了自己的性命。

而那些不轻易被身边环境所影响的人，无论他们身在何处，外界的环境多么糟糕，都能坚持快乐的心态，充满活力地去做自己应该做的事。

电影《监狱风云》中，影星吉尼·威尔德饰演的亨利被误判入狱。尽管身边的囚犯和监狱官都看他不爽，但是亨利从不计较，始终保持一颗开朗乐观的心。一次，监狱官把他吊起来体罚，几天后亨利感谢道："多亏了你把我绑起来，没想到我的背竟然不痛了。"之后监狱官又把亨利关进一个被太阳晒着的高温锡纸箱中，放他出来的时候，亨利说："好有意思啊，我想再多待一会儿。"

最后，监狱官实在没办法，把他和杀人犯古斯博士关在一起，古斯博士在监狱中是"狱霸"，没有人敢惹他，人们对他避之不及。结果监狱官回来开门一看，两人竟然开心地坐在一起聊天。亨利选择了开心地对待生活，即便身陷牢狱，也要坚持这种心态。这种心态很快就影响了身边的人。

是的，诸如天气之类的外界环境确实容易对我们的心情产生一定的影响。但是，对于这种无法改变的客观现实，我们可以选择和决定自己的心情。

生活本就充满着各种烦恼和忧愁，内心强大并非没有烦恼，并非没有消极的时刻，而是知道怎么去调节，知道怎么把自己的消极情绪转化成积极的情绪。所以，我们要学会自我调控情绪，让自己努力在愉快的环境中度过每一天。

积极向上的情绪状态，会使人心情开朗，精力充沛，对生活充满热情与信心。因此生活中应避免不良情绪的发展，遇到不好的事，要换个方法变个方式思考，你将大有收获。

向朋友、亲人倾诉，疏散郁闷情绪。自我放松，多参加休闲运动。积极参加集体活动，搞好人际关系，你很快就会发现，原来快乐很简单，只要你愿意，每一天都可以快乐。

错过的不再留恋，好好珍惜下一次

当我们在做错事的时候，总是忍不住难过和悲伤，即使明明知道没有后悔药可买，无法再做出修补时，情绪依旧很低落，甚至无法自拔。

伟大的诗人泰戈尔说过一句话："当你在为错过的星星感叹时，其实你也就失去了月亮。无论你是在快乐，还是悲伤，生活都不会因为你而放慢自己的脚步，它依旧不管不顾保持着前行。"看来，古今中外的大智慧家都是这样认为的。

不要为已经打翻的牛奶难过。这句话看似平淡，蕴含的哲理却很丰富。既然过去已经成为历史，再做任何的努力也无济于事。那我们为什么不能去重新改写，然后努力做好下一件事，不让这样悲伤的情绪蔓延下去。总是一味地沉浸在过去的伤痛中，我们会感到遗憾和悲伤，它会把我们残存的精力一点点消磨殆尽，百害而无一利。

在漫漫人生路上，我们总会遇到这样或那样的困难，重点不在于我们失去了什么东西，而是我们从中懂得了什么，学到了什么。每做一件事我们都能从中得到一些经验和教训，这些东西固然会让你感到不好受，但是我们还是要学会勇敢面对，不能深陷其中无法自拔，因为生活还要继续，我们还要向前看。

聪明的人看待自己犯下的错，会以一种豁达的眼光。他们不会让过去的错误成为未来路上的绊脚石，既然都已经发生，无可更改，那就只能够冷静地去面对和评判，分析自己错误的原因在哪里，避免再犯同样的错误；而那些愚蠢的人只会为自己犯的错误而苦恼，甚至长时间不能从这种苦恼中摆脱出来，这样下去，除了于事无补外，还会增加内心深处的负能量，让人无法轻装上阵，阻碍继续前行的步伐。

一位老人好不容易花了全部的积蓄买了一双皮鞋，准备高高兴兴回家给妻子看。结果在坐火车回家的途中，一不小心将一只鞋子掉到了车外，可是这时候火车已经发动了，他不可能再跳下车去捡回丢掉的鞋子。于是老人把另一只鞋也扔了出去，这一举动，让车上的人大吃一惊。人们都问他为什么要这样做？老人解释说：这只鞋无论多昂贵，对我来说已经没用了。但是如果有谁捡到这一双鞋，说不定他还能穿。那我不是还做了一件好事吗？车上的人听完老人的话，纷纷鼓掌叫好。

是啊，事情既然已经不可挽回，那就别再为它伤脑筋了。错误在人生中随处可遇，有些错误可以改正、可以挽救，而有些失误就不可挽回了。改变不了的事实我们还不如淡然处之。那么，是不是我们面对人生的失误就只有一筹莫展了呢？不，面对失误，及时总结，不沉溺于旧有的失败中，避免以后重蹈覆辙。同时努力可以改变心情，拥有一个乐观的心态。只有这样，才能充满力量地披荆斩棘，继续前行。

我们与其为自己错过的星星感伤，不如好好珍惜下一次的相遇。也许，下一次的星星还会更美呢。

积极是
一种正能量

拥有一颗积极的心，会让人拥有源源不断的动力，即使困难重重，也不会失败气馁。对于积极的人来说，他们相信，在路的不远处，成功在等着我们。我们要做的事，无非就是一个——坚持，只要坚持到底，总会看到成功的希望。

1832年，他失业下岗了，生活虽然很糟糕，但是他仍努力着成为一名政治家。他去竞选州议员，结果再一次失败。他在短短的一年时间里，竟然遭受两次重大的打击。但是他依然不放弃，于是自己东拼西凑终于借到了钱，开始了自己的创业之路，无奈，一年时间都没有撑过去，企业倒闭了。

这一次他不仅失败，而且还欠下高额的债务，整整17年的时间，他要为偿还这笔债务而努力挣钱，四处奔波。不过对于自己的参政梦，他依旧没有放弃，所以他继续参与竞选，这一次总算成功了。他的内心重又燃起了一丝希望，终于生活不再对他严厉打击。他想：“可能我就要过上幸福生活了吧。”

第二年，他订婚了。结果在结婚前几个月，自己的爱人不幸去世。世间最大的痛苦莫过于两个真心相爱的人马上要修成正果了，却阴阳相隔。他终于承受不起，卧病在床。后来他患上了神经衰弱症。可是能怎么办？生活还是要继续下去。1838年的时候，他的身体好转多了，开始决定去竞选州议会议长，结果又失败。1843年，他去竞选美国国会议员，命运再一次打击他，结果没有成功。

试想一下如果是你碰到这种情况，你会怎么办？也许我们早就已经放弃了，很难再去接受人生的挑战。他的一生似乎总是在失败中度过：下岗失业，企业倒闭，爱人离世，竞选失败。我不能想象一个人在面对这些打击之后如何才能再站起来。也许我们已经放弃很多次了。但是他没有。

终于在1846年，他又一次参与国会议员的竞选，终于当选了。在两年的任期结束之后，他选择继续争取连任。他认为这两年来自己做得够出色了，相信选民会继续支持他。但是结果很不幸，他没有成功连任。

这一次的落选损失了一大笔钱，他只能退而求其次申请本地的官员职位。结果州政府不予采纳，并做出回复：“任职本地官员，需要有远见的才识和非凡的能力，很可惜，你并不具备这两点要求。”然而，他依旧没有放弃，1854年，他重新开始竞选参议员，结果失败；1856年，他竞选美国副总统，结果还是落败；1858年，他又再一次进行竞选，再次失败。整整尝试了11次的竞选啊，只有两次成功。

这个失败了很多次的人就是亚伯拉罕·林肯，生活一次次给他打击，但是他在一次次打击中翻身爬起，他一直在做自己生活的主人。终于在1860年，他成功当选为美国总统。无论何时何地，林肯始终坚定一颗积极的心，朝着自己的人生目标而努力前进着，他没有选择消极，也没有去怨天尤人。

生活中，我们每个人都应该向林肯学习，在面对任何艰难困苦时，都能泰然自若，我们的路才会越走越远，看到的风景也会越来越多。

消极的情绪是一种非常不良的情绪，可是偏偏它又最容易产生在人们心中。一个人一旦产生消极的情绪，就会磨损自己的意志，变得对任何事都提不起兴趣。久而久之，自己的世界观也受到影响，变得不再积极，不再乐观，只能听天由命，安于现状，接受环境对自己的影响。

俗话说："笑一笑，十年少。"不要让自己处在消极的阴影下，想想看，耶稣被钉在十字架上的第三天，就复活了。积极是一种正能量，我们不管如何都要保持这种积极的心态，并且朝着自己的方向去努力。

你可以创造任何可能

每个人的身上可能都藏有一份自己都不知晓的潜能，它深埋在我们的内心深处，像一位巨人，等待着我们在一个合适的时机将它唤醒。如果有人对你说，你可以很轻松地掌握30门外语，背诵一整套百科全书，可以轻易取得8个学士学位。你一定认为这个人是疯子。

但是我可以很坚定地告诉你：是的，你可以做到。

许多专家经过调查研究，人身上的巨大潜能大部分都没有被开发出来。美国著名学者詹姆斯说：普通人只是开发了自己身体的百分之十，我们现在取得的成就不过是其中很少的一部分。和全部的潜能相比，可以说完全是沧海一粟。

科学家们发现，人大脑的贮存能力十分庞大，只要人能够发挥大脑能力的一半作用，那上面所述我们所说的目标就可以轻松实现。如果能让体内的潜最大限度地发挥出来，你就能有所作为，甚至可以创造奇迹。

所有这些研究都不单单只是理论，现实生活中有许多事例都可以证明我们的猜想：

一位残疾的美国人梅尔龙，他已经坐在轮椅上12年了。19岁的时候，他在一场战役中被流弹击中，造成下肢瘫痪，虽然经过这么多年的治疗，可是依旧没有再站起来。

最开始的时候，他无法接受这一事实，于是每天借酒浇愁。某天晚上，他刚刚从酒馆里出来往家走，结果半路冲出三个抢劫的人，作为军人，他拼死保卫自己的钱包，结果抢劫的人恼羞成怒，一把火把他的轮椅给烧了。那一刻，他似乎忘了自己还是个残疾人，风一般地跑了起来，等到回过神来一看，自己竟然跑过了一整条街。

事后，当梅尔龙回忆起来："我当时根本就不知道发生了什么，只是看到自己的轮椅被烧着了。我必须赶紧离开，不然的话，等待我的就只有被火烧死，于是等我不顾一切地跑到了另一条街上，再回过头来看的时候，我发现自己竟然能够走动了。"

在危急关头，梅尔龙求生的潜能被激发出来，他的潜意识要求自己必须站起来，否则就会死。所以那一刻他才站起身来。现在的梅尔龙已经在另一座城市找到工作，和周围所有人一样，能走能跳，完全恢复正常。

人体内的亿万细胞中，蕴藏着巨大的力量。这种潜力一旦被唤醒，就能够做出许多神奇的事情来。病人在病势垂危、呼吸困难时，在听到了医师或亲友的一席热烈恳切的安慰话后，竟然能起死回生。这种情况在我们的生活中并不少见。

一般人来说，疾病之所以置人于死地，首先是因为病人也失掉了对生命的信心。

有两位年过古稀的老人，一位预感到自己大限将至，于是开始安排后事；另一位却相信自己虽然已老，但是还可以发挥一些余热，于是她开始学习登山，在之后的25年里，她每天都在练习和训练，从最开始的小山爬起，到最后的富士山，当她95岁的时候，她终于攀登上了日本的富士山，成为登上这座山的年龄最大的保持者。而原先的那一位老人早就已经寿终正寝。

爱默生说：我最需要的，就是有人叫我去做我的能力所能做到的事情。去做我力所能及的事情，是表现我的才能的最好途径。拿破仑、林肯未必能做的事情，但我却能够做，这只要尽我最大的努力，发挥我所具有的才能。

在每个人的身体里面，都潜伏着巨大的能量。唤醒身体内的无限潜能吧，让它如同原子反应堆里的原子反应那样爆发出来！这些能量，只要能够发现并加以利用，就一定会有所作为，帮你成就你所向往的一切东西，创造出人生的奇迹。

没有任何借口，不要抱怨

“没有任何借口”是近些年来一句非常有名、听起来充满正能量的励志名言，也是美国西点军校奉行的最重要的行为准则，它强调的是每一个人都要想尽办法去完成任何一项工作，工作没有完成就不要去找任何借口，哪怕是看起来合理的借口。

是的，生活中我们有很多人在一件事情不成功或者遇到瓶颈的时候，总是去找各种借口，不停地抱怨别人。而抱怨是一种非常消极的情绪，容易扼杀人的创新精神，让人消极颓废。它如同是一剂鸦片，会让人上瘾，容易让人一而再再而三地去品尝它，变得心虚和懈怠，遇到困难就退缩，最终失去执行的能力。只有那些软弱无能的人才会给自己找借口，而优秀的人从不抱怨。

菲德尔从小家境不好，只受过一段短期的学习教育。18岁那年，他来到钢铁大王卡内基的一个工地上干活。工作很辛苦，身边的人常常会抱怨工作的辛苦，也抱怨工资太低了。但是他们只能默默忍受，因为大家都没有学识，除了干这种体力活，还能做什么呢？但是菲德尔从来不抱怨，他只是默默地工作，慢慢地积累经验，然后自己还一边学习有关建筑的知识。

一天晚上，当同伴们都聚在一起闲聊的时候，只有菲德尔正聚精会神地在灯下看书学习。正巧，那天经理来工地上查看，看到菲德尔在那里看书，走过去随意翻了翻，然后看了看菲德尔写的笔记，若有所思地走开了。

第二天，菲德尔被经理叫到办公室，“你学这些东西是为了什么？”

菲德尔说：“我们公司干体力活的人并不缺，缺的是那些有工作经验的专业技术人员，我在朝着这个方向前进。”

经理听完后，点了点头。没过几天，菲德尔就被任命为技师了。看到菲德尔升迁，以前的同事有些自然免不了心生嫉妒，所以时不时会挖苦他。菲德尔只是回答：“我工作不单单是为了赚钱，还有我自己的梦想，我还要考虑自己的前途事业。所以，我才必须要提升我自己，我只能不断努力才能得到发展，才有可能被重用，赚更多的钱，更接近自己的目标。”

于是，在这样的信念之下，菲德尔一步步往上爬，终于熬到了总工程师的位置。在自己25岁的时候，他成功当上了这家公司的总经理。

西点军校还有一个人人熟知的规定：遇到军官询问的时候，只有四种回答：“报告长官，是！”“报告长官，不是！”“报告长官，不知道！”“报告长官，没有任何借口！”除了这四句话，再没有其他的字。

就和菲德尔一样，优秀的人知道做同样一份工作，如何能够得到领导的赏识，提高自己的价值；而那些无能的人只能不停地抱怨。韦尔奇说过：“员工都希望能拥有高工资，这种需求无可厚非，但是你至少要给老板一个高薪的理由才行。没有人会平白无故给你一大笔钱。”

让我们继续菲德尔的故事吧。卡内基的一个合伙人琼斯，被誉为天才工程师。一天他来到布拉德钢铁厂时，看到了热情努力的菲德尔。虽然那时候他已经是公司的总经理，可是依旧每天来得最早。琼斯问他为什么这么拼命，菲德尔说：“这样的话，我才能及时掌握工地上的最新情况，避免出现问题导致工程延期。”工厂建好之后，琼斯让菲德尔做自己的助手。两年后，琼斯发生意外身亡，菲德尔正式接手这家公司，被任命为董事长。

因为菲德尔完美的管理体系和兢兢业业的工作，布拉德钢铁厂很快成了卡内基钢铁公司的中流砥柱。

“没有任何借口”它要求在做事做人方面，力求一种极致的完美。努力去提升自己。失败了，那就认真去做好下一步的准备工作。因为不需再去找什么理由来为自己辩护，重心自然而然就会转移到下一步。工作中没有借口，人生中没有借口，失败中没有借口，成功更不属于那些寻找借口的人！借口是拖延的温床，借口的实质就是推卸责任，我们不能让借口成为自己的习惯!

“没有任何借口”它体现的是一种负责、敬业的精神，一种服从、诚实的态度，一种完美的执行能力。而这些优秀品质，正是我们应该去追求的。认认真真地秉承这一理念，践行这一理念，不仅对于自己的工作和学习，甚至对于自己的整个人生，都是很重要的。当我们开始不再为自己的失败找借口的时候，离成功就越来越近了。

//

人生搏一次、再拼搏一次，只有这样命运才会看中你。很多时候我们往往低估自己的潜力，不相信我们其实远可以做到更好，只有自己逼自己一把，才会发现自己更值得被爱，发现原来可以生活得很美好。

活得精彩的，是那些最有勇气的人

人生在世，除了父母给你的是天命外，其他一切经历都如同闯关游戏，你永远也无法知道下一关会面临什么，支撑我们继续往下挑战的，是勇气！

勇气，让我们的生活越来越精彩。

我和阿果到上海出差，要做一些演讲。两个人每天都忙得晕头转向，结果忘了演讲前重要的事情：试音响。演讲准备开始，我一如既往地登台亮相，当我开口说话的时候，才发现音响坏了。声音只能够被前排的人听到，没办法，我干脆关掉音响，走到台下去，站在观众席中间去演讲。

整场演讲过程中，我喊得分外卖力，结果嗓子都快要被喊破了，但这次演讲的效果非常显著，这让我感觉很幸福。演讲结束之后，我和阿果激动地抱在一起，她说："要是我们去检查音响，肯定会发现出了问题，到时候我们就只能去叫人来维修，这样一来的话，时间肯定就会赶不上。那么今天的演讲也就无法顺利进行了。”

我这才恍然大悟，是啊！如果一开始真的去检查了，那我的心情也可能会受到影响。如此一来，这场演讲能不能顺利进行还说不好呢。但是当我站在舞台上，开弓没有回头箭，即使知道音响设备坏了，也只能去面对，必须讲下去，因为台下的人都在看着我呢。我放弃原先准备好的稿子，彻底调动大脑的每一丝神经，重新组织语言。脑海里想到什么就讲什么，顺着自己的心走，而真正的演讲就是走心的。

阿果是我们团队中年龄最小的，今年24岁，可是已经有两年的演讲经验了，共进行四五百场的演讲，阿果付出了比我们更多的努力，也比我们更勇敢。

有时候私下聊天，我会问她当初怎么会选择走上这条路的？

她说，当时领导不是说要去南京出差嘛，我喜欢这座城市，想要去看看，所以干脆就一并申请过来看看。至于后来不知不觉就加入了讲师的行列，自己确实还真没有想过。

然而，当她第一次站在台上，看着场下数千名学生，心里胆怯极了，当时只有一个念头，那就是：逃跑。可是看着台下孩子们真诚的双眼，还有校长老师们恳求的目光，她有了勇气，决定这次必须成功。那是阿果第一次的演讲，结果就是这个契机从此和演讲结下了不解之缘。这一讲就讲到了现在，其间到过很多城市，去过很多学校，欣赏了很多的风景。

我问她，累吗？有没有想放弃的想法？

她说，累。很多次都想过要放弃。还记得当初自己第一次演讲的时候，因为什么都不懂，本来只是抱着试一试而已，没想到用心去演讲，自己感觉很舒服。结果从那以后，自己就一发不可收地爱上了演讲，我也知道了：对于一些机缘来说，生活并没有给你太多的准备，但是只要足够勇敢，同样可以赢得精彩的人生。

后来，我收到了一所大学的演讲邀请，要知道，我的演讲对象一直都是中学生，还从来没有在大学里讲过啊。我心里不自信，有些胆怯，犹豫着要不要接受这次演讲，结果一犹豫就犹豫了大半年，等到校团委再一次邀请，他们告诉我不要紧张，就跟上一堂课一样。

恰好那时候我也完成了自己的稿子，工作不是很紧张，于是就答应了。

领导告诉我："你只需要按照自己的心走就可以了。甚至连演讲稿之类的东西都可以不用。基本上就是一次普通的演讲而已，不用太在意。我们请的嘉宾也都很随性。"

听他这样说，我也感觉轻松了一些，自己做了一个简单的PPT，打算故事的部分临场发挥，到时候结合自己的经历讲讲就可以了。

可是等到了演讲的那一天，我来到学校一看，顿时傻眼了。这哪是什么随意的演讲啊。舞台一看就是精心设计，来听演讲的人很多，我刚进来，主持人一通介绍之后，我就被推到了舞台中央，我脑子一片空白，我看着头顶的聚光灯，突然想到了自己求学的时候，每次觉得孤独或绝望时，总会抬头，看天上的星光……

我有了思路，开始演讲："人长大了，就会被贴上各种各样的标签。今天，我打算撕下这伪装的标签，展示给你们一个最真实的我，我没有准备演讲稿，我最初还以为这只是一次分享课，当我刚走上台的时候，我心里很忐忑，但是我很庆幸能有这个机会，因此我想和大家分享我的真实故事…… "

台下掌声雷动，这鼓励了我。

这次演讲，也让我明白了一个道理，很多时候，并不一定是准备好了才能出发。或许，情急之下所做的决定，被逼上舞台的临场发挥，会让你看到另一个在突发情况下，依然能拼命逆流的自己。

一生的时间很短，哪里有那么多准备好了再出发的机会。我们大多数人都是顺着河流，摸着石头，寻寻觅觅，一次次在河水中跌倒再爬起来。

世界充满了未知，人人对未知都不知情。

没有人知道自己前方的路有多长，只有那些跋山涉水到达过的人才能知道。所以，这个世界上，活得精彩的，永远都是那些最有勇气的人。

愿你也充满勇气！

任何时候，都要好好爱自己

心理学上有一节内容是“接纳不完美的自己”，但是我们身边的人，包括自己却总是对自己很苛刻。我们很在意他人的眼光，很关注自己身上的不足和缺陷，无法客观地看待自我。

世纪女神赫本在一次接受采访时曾自卑地表示，自己这么瘦不过是当初挨饿的写照。在赫本小时候，正值战争时期，德军入侵荷兰阿纳姆，那段时期，她只能躲在自己的小房间里，别说吃不饱，基本上连吃的东西也没有。为了能撑过去，减少体内的热量消耗，她靠看书转移注意力，然后整天待在房间的一个小角落里。

每次赫本提到这段往事，总会触景生情，难过地掉眼泪，可是赫本不知道，现在有多少年轻女孩希望能够像她一样拥有令人羡慕的好身材。

当莉莉说要节食减肥的时候，我差点以为自己精神恍惚听错了。莉莉是一家私人健康会所的运动教练，身材好到让女人都羡慕，皮肤更是白里透红。我一直想着自己如果能有像她一样的身材，让我减寿三年我也愿意。

和所有人一样，当我们听到这句话的时候都是同样的反应："你胖吗？别开玩笑了。"

"对啊，我男朋友说我的胯有点大，而且我也感觉自己不够白。"

"天啊，你还要不要人活命啊？就你这样的还需要减肥吗？"她很认真地盯着我们说："是的，男朋友一直嫌弃我，我想变得更美更瘦。不希望被他每天挑剔。"

我的天，真的，原来恋爱中的女人智商真的为零。为什么那么在乎他人的看法？

莉莉还没有听我们说完，就跑开了。后来的日子里，她真的开始减肥，每天吃得特别少，因为她本来就很瘦，结果这一减肥，减得形销骨立，气色和精气神比以前差了许多。我不明白她为什么这么不自信，她到底是为了自己活还是男朋友活？可是身边却不乏这样前赴后继的人，这是为什么？

因为自己不够自信，看不清眼前的形势罢了。

我的一个插画朋友阿菲，这几天一直在伤心流泪，原因就是她失恋了。她爱这个男人爱到痴狂，非他不嫁，可是这个男人却爱上了另一个女孩，这个女孩碰巧和阿菲一样，也是一名插画师。男朋友在分手的时候给出的理由竟然是：阿菲的插画技术太差，根本不配当插画师。

这叫什么借口？阿菲却相信了，她天真地以为真的就是自己的技术不过关，才导致的分手。她哭着问我们："我应该怎样才能提高我的技术呢？我该怎样让他回心转意啊？你们可一定要帮帮我啊。"

我们都很清楚，这只是她男朋友的一个借口。阿菲的插画技术可以说是一流的，不单单从她获得的各种比赛的奖项可以看出，还有她自己店里火爆的销售情况，就可以见分晓了。

阿菲能力没有什么问题，实际上阿菲就是对自己不够自信。她不了解自身，宁愿选择相信别人，也不愿正视自己，把自己放在否定中受尽痛苦。

其实，接纳自己的不完美不是要求我们去和自己的缺点作斗争，而是学会对自己进行综合评判，然后扬长避短，把重心放到自身的长处上面来，放大自己的优点，全身心去体会优点所带来的自信和自豪感。

所有女人之所以不断地挑剔自己，就是因为总是无法接纳自己的不完美。世界上的每一个人都是独一无二的。我们要学会不挑剔、不迷茫，丢掉那些无所谓的、外在的东西，学会从内心深处真正接纳自己，才能活得轻松自在。

精致的生活，无须高昂的费用

生活的本质是简单、自然、美好、不刻意，不让自己的欲望把生活弄得烦琐冗杂。这才是精致有趣的生活。

周末时候，林夕和我去一家高级饭店用餐，一路上，她就对我说："这家店的豌豆特别好吃，从美国进口的，就连炒豌豆的厨具都是意大利原装进口，做出来的味道超级香，一点都不同于平常的口感，记得待会尝了之后告诉我什么味道哈。"

结果我满心期待地等着吃这与众不同的豌豆，结果发现和街边大排档的口味一样，心里感觉很失落。

之后她又神秘兮兮地带我去吃刺身，据她所说，这家店的老板是土生土长的日本人，用的所有东西也都是从日本空运过来的。结果我尝了两口之后，就只有一个最真实的感受：价格真贵啊！我还是没有感觉出这家的刺身有多好吃，我也就只能自我安慰道，可能自己的美食感知还没到那个地步吧。

看她满怀期待地望着我，我只能勉强地点头道："还行，不过我个人不太喜欢这东西。"她脑袋直摇说："你呀，啥时候才能学会享受生活啊，这么精致有情调的生活你要多接触。"

可是每个人都是与众不同的，都独一无二，每个人对精致生活的理解可能都不一样。关键在于要找到属于自己的那一种生活，就像鱼儿本该生活在水里，可你非要告诉它，岸上的世界很美，那鱼儿可以为了你所谓的美好生活去上岸吗？用生命换来的精致，怎么会值得呢？

结婚要戴上钻戒。这应该是所有女孩子的共识，钻石恒久远嘛，她们认为钻石最能表达出对方的爱意。

我有一个姐妹，她让自己的男朋友给她买了一颗价值不菲的钻戒。她的理由是：这样当他想要甩掉我的时候，想到还有一枚这么昂贵的钻戒在我手上，可能就不会那么轻易放弃我了。我听后觉得很好笑，可是又能说什么呢。每个人都有很多不同，我没有理由将自己的观点强加到她的脑子里。

但是我在生活中，看到的现实却是：很多手戴漂亮钻戒的女人，结婚之后也没有守住婚姻。钻戒不过是一颗石头罢了，它无法锁住两个人的婚姻，是否相爱也无法以此来衡量。

那么，什么才是有情调、精致的生活？

我想到了我的一位朋友星合，在她的世界观里，只奉行一条准则：不求最好的，只求最贵的。每一次在聚会上看到她，她永远都是那么光彩照人，站在她面前，我经常会自惭形秽。

后来因故，她去意大利生活了两年，回国之后我们以为她会给我们讲各种奢侈品、各种保养心得，结果她一反常态地穿着一身便装，化着淡妆出现在我们面前。这对于一直对生活特别讲究的她来说，着实让我们很意外。

她告诉我们她早就已经不去追时尚和潮流了，对于现在的服装流向趋势，她早已不再关心。开始学会听轻音乐，专注自己的身体状况，练瑜伽，修身养性之类的。我现在还能记得我们听到嗜衣如命的她说出的那句话："当你看到一件自己无法放下的衣服，你不妨先回家看看自己的衣柜里，有没有一件要丢的衣服。"

我们都惊讶于她现在的变化，当然更欣赏她的这种变化。她淡淡一笑，说："华丽的外表不过是皇帝的新装，这些无谓的浪费都是一种陋习罢了。"抛却了华服美妆的她，浑身散发出一种独特的气场和魅力，她对于世间万物的见解，还有举手投足间的气度，感染着身边的每个人。就像晨起太阳的光芒，温暖又不刺眼。

人活一世，并不单单是为了吃饱穿暖，并不是单单地能够呼吸就可以，还应该有自己一方诗意的天空。我们本来就值得拥有更多更美好的东西。所谓的有情调、精致的生活，是一种诗意、是一种恬淡，而不是做作而矫情地活着。

对于我们来说，更是如此。我们大多都是普通人，更应该学会在简约的生活中享受精致，享受精致生活带给我们的愉悦。学会一个人在和风细雨中漫步，听一首钢琴曲，做一顿精致的午餐等。这些简单的东西都可以让生活浪漫精致又富有情趣。

松浦弥太郎被誉为“全日本最会生活”的男人，他说生活与财富无关，我们要做的就是找到自己喜欢的生活方式，并且朝着这个方向去努力，去追求生活最本真的东西。

说不定在某天的午后，你喝着自己泡的花茶，忽然就笑了呢。

最懂我们的永远是自己

在地铁上，总能看到一些年轻的女人拿着二维码让我们扫，不过就是推荐一些产品罢了，对于这样的人，我一概是不理会的。

但是刘艺走到我面前，她看了我一眼，笑着说："我的朋友，我开了一家女性生活馆，除了分享日常的瘦身内容，还有很多女生的小事，愿意加入到我的生活吗？"刘艺很美，笑容也很打动人。我立刻加了她，果然她和我想象中一样，没有过多的骚扰问候，只是在朋友圈偶尔晒晒自己的身材，还有一些生活的感悟。

之后，她留言给我："我知道你的文采很好，帮我看看这段话，是不是成熟的观点，希望你能给我一些有用的建议。"

于是我们就这样熟悉认识了，至今我还是没有参与她的计划，但是我们两人却成了很好的朋友。后来我问她为什么不像其他人那样在地铁上扫二维码呢？她告诉我：“这样在我看来是不礼貌的？而且我生性敏感，毕竟微信也算半个隐私，不是吗？”

她很会体会别人的感受，如果感觉对方对所说话题没有兴趣，她立刻就会停下来，她也很在意朋友圈里面朋友的感受，经常会为自己感到沮丧。她心思细腻，却过于在乎别人的感受。其实她很想为自己而活，但是她的性格如此，她没有办法克服性格中的这些弱点。

“别人说明明是在说别人，我都会联想到自己，会去想他们是不是在暗示我？”

“对于朋友圈里的状态，我总是认真回复和点赞，而我发现我一些朋友从来不给我的状态点赞，我心里也会不舒服。”

“我的泪点很低，经常在看电影的时候，身边的朋友都无动于衷，我自己却会为一句台词哭得很伤心。”

听到刘艺说完这些，我明白了，她是一个敏感的人。我对她说：“亲爱的，你有些过于敏感了，这其实是没有必要的！”

后来，在我的推荐下，刘艺读了渡边淳一的《钝感力》，这本书让她很有感触，她觉得自己之所以不快乐，也多由性格敏感导致。后来，她还查了很多资料，咨询了一些心理医生，想找到治疗性格敏感的秘诀。

可是，敏感是一种特性，属于基因层面的特质，有必要这么嫌弃吗？

有的人反射弧很长，长到让人感觉愚钝又麻木，如果我们丧失敏感，生活也会失去很多乐趣和快乐！

敏感的表象特征是对外界事物反应很快，其内涵是感觉敏锐。体现的是一种感性特征。而感性和理性相比，也许更多人喜欢感性，理性可以让人冷静客观，感性却有一种神秘的爆发力，充满魅力和创造力。所以，与生俱来的敏感是没有错的。如果不够敏感，刘艺也和别人一样，让我去扫码，而不是用她独特的邀请方式，我想我们是不会成为朋友的。

我总会收到读者们的来信，他们把自己的故事讲给我听，我会耐心地回答，把自己的一些观点看法都写在信里面。从他们的回信中，我能够感觉到自己的话对他们其实还是很有效的，但我想更多是源于我的敏感，能够感同身受地体会到他们的情绪和感情，才能说出那些让他们感动的话来吧。

我在主持公益演讲的时候，一些学生听完后也会找我答疑解惑。大多问题都是不甘自己的平凡，我会好好鼓励他们，告诉他们这其实没什么大不了的，想哭就哭，想笑就笑，千万不要压抑自己的情感。

在这个世界上，最懂我们的人是我们自己，因为不会有人和你走过一模一样的路。没有人可以做到和你感同身受，最多也就是能做一个倾听者，从精神层面分担你的痛苦和烦恼。

SEVEN

任何不完美，都要坦然面对

滋味浓时，减三分让人食；路径窄处，留一步与人行。这是古人总结出来的处世智慧，它告诉我们：与人方便，便是与己方便；留人宽绰，便是给己宽绰。

做事留有余地，给自己留下退路

《菜根谭》中有这样一句话：滋味浓时，减三分让人食；路径窄处，留一步与人行。这是古人总结出来的处世智慧，它告诉我们：与人方便，便是与己方便；留人宽绰，便是给己宽绰。

目光长远的人，不会说过头的话，也不会把事做绝，说话做事都会给自己留下回旋的余地。而一些目光短浅的人，说话、做事很容易不过脑子，不给自己留任何余地，或者拍胸脯打包票大包大揽，说一切包在自己身上；或者赌咒起誓，让人感觉除了他，世人再无他人可用。让身边的人以为他们能耐很大，可事后却会发现，不过是不顾后果地吹吹牛皮而已。

公司新研发了一个项目，要先写一个方案出来，领导决定将此事交给下属吕涛，问他："时间有些紧张，能不能尽快做出来？"吕涛，想都没想，拍着胸脯保证："放心吧，没问题！保证三天之内完成！"过了三天，领导没有看到任何动静，问他进度如何，他才吞吞吐吐地说：“这事情我想简单了，没有想象中那么简单！”虽然领导同意给再他更多的时间来完成任务，但对他动不动就拍胸脯信誓旦旦地保证已经开始反感。

职场中类似这样的事例很多，说话做事不给自己留余地，最后出丑、吃亏的总是自己。有一位朋友，脾气急躁，说话总是不过脑子。一次在单位里与同事之间产生了一点儿摩擦，也没多大事儿。他当时在气头上，就意气用事地对同事说：“从今以后，咱俩井水不犯河水，彼此毫无瓜葛！”

这句话说完没多久，公司职位调动，他的同事成了上司。之前他讲了过重的话，新领导倒不以为意，反倒是他，备觉尴尬，只好辞职，卷铺盖走人。

没有人喜欢空话大话连篇的人，说得天花乱坠，实际行动却效果甚微，会让人觉得你华而不实，难堪大任。不如低调一点，多做少说，用实际行动证明自己的价值。我们知道，杯子留有空间，是为了晃动时不至于溢出来；气球留有空间，是为了不会因轻微的挤压而产生爆炸。说话做事不留余地，就很让自己在突发情况来临之时，可以从容转身，为了容纳这个“意外”，不至于让自己陷入窘境。

自古以来，给人留余地就被视为一种处世智慧。《周易》中说：“物极必反，否极泰来。”这句话告诉我们：至行不可及处，至及则无路可续行；言不可称绝对，称绝则无理可续言。做任何事，进一步，也应让三分。古人云：“处事须留余地，责善切戒尽言。”有一句佛偈也说：“凡事不可太尽。”这些都告诉我们，人与人相处时，给别人留下余地就是给自己留下余地。

目光长远的人，目之所及不会只盯着眼前的一片小天地，他们知道用动态的眼光看眼前的世界，“士别三日，当刮目相看”，谁也无法预料到未来。所以，做事留有余地，这是一种中庸之道，是一种温和的处世方式。话不说大，不让别人感觉压力，可避免遭到厌恶；事不做绝，给别人一条生路，也为自己积下了福德。

这个世界很奇妙，冥冥之中总有那么一些奇妙的轮回，一时得意，很难一世得意，以后总要以种种失意来偿还；一时猖狂，也总会由各种失落来回应。说话做事都留余地，才是保护自己的最好办法。当你学会给别人留有余地，就等于给自己留下了退路，让你在任何时候都能进退自如、从容应对。

NEVER
SETTLE

学会更有效的生活方式

马丁·塞利格曼教授作为积极心理学之父提出了一套可以锻炼人去正面思考的“ABCDE理论”。这种理论显示，现代社会，人在种种压力之下会不自主产生各种负面情绪。我们可以通过学习这个理论，强化自己的思维能力，完善自我的认知系统，达到思维的最优化。

心理学上著名的“情绪ABC理论”就是“ABCDE理论”的来源基础，前者通常是指事件（Activatingevent）发生后，快速对这件事进行解释（Belief），由此产生的某种情绪，从而导致了某种结果（Consequence）。它按照“事情一认知一情绪一行 为一结果”的心理模式，运作在人类命运的因果环节中，比如：

A：发生了什么事？

B：你持有一种怎样的信念就会对A产生怎样的情绪反应，

它和你的一种自我认知相关。

C：之后你产生的情绪反应就会导致现在的结果，而这个结果是A间接造成的。

所以，情绪ABC理论常常被用来解释生活中发生的事。所有那些你认为难以解释的反应和判断都和你的思维方式有关。某种意义上来说，你的思维方式，就是你命运的指南针。

有一个小技巧可以知道你内心的思维方式：去想想那些你在心里面说的话。多数人的内心活动是消极情绪占主导，所以很多人都活得不开心。成功的人也会有这种心态，但是他们会很快改正自己的思维，向着有利的方向发展。

“ABCDE理论”就是锻炼人的思维从消极情绪转向积极情绪的一种方法，它包含以下五个自我分析的阶段：

A：人在面对不愉快的事情时，会感到无能为力。开始产生自我怀疑，不断抱怨自己能力不够，于是产生消极情绪。

B：当你产生消极情绪，自我感知会下降，和别人发生冲突时，会把责任推卸给别人，开始抱怨他人。

C：此时一旦发生更坏的事，内心的负面因素开始影响，把自己的过错怪罪到别人头上，情绪变得很糟糕，不会产生积极的念头。

D：为了达到改变现状的目的，开始对自己进行积极暗示，用积极情绪取代消极情绪，控制问题的恶化。

E：当你找准自己的立场，开始不断给自己正面激励的导向，产生正面思考，最终以积极的情绪解决问题。

再然后，就是不断循环这个过程，将其运用到做人做事的每一方面，之后就会产生积极的结果。

“影响人的因素绝不是事物的本身，而是对事物的看法。”19世纪伟大哲学家叔本华总结的人的思考方式。当我们采取一种积极的态度去看问题时，就会产生有价值的行为；而一旦采取的是一种消极的态度，你就会处在不停地抱怨当中。

比如说，现在领导给你布置一个任务，距离检验工作的时间非常近了。拥有积极、正面心态的人会想：“所剩的时间已经不多了，我必须全力以赴，尽自己的最大努力。调动一切可以使用的资源，力求圆满完成任务。”而拥有消极、负面心态的人会这样想：“时间已经如此的紧迫，现在就算加班加点也根本完不成领导交代的事，希望到时候领导不会怪罪下来……”不管之后的工作完成与否，如果你作为公司领导，你会喜欢哪一类人？

性格会决定人的心理模式。乐观的人常给自己积极的暗示；悲观的人则会给自己消极的暗示。美国总统里根经常挂在嘴边的一个故事：一位父亲有两个儿子，一个性格太悲观，另一个又太乐观。为了让两个孩子的情绪能够正常点，他把乐观的孩子带到满是马粪的草房，以为孩子肯定会伤心。没想到乐观的儿子兴奋地东张西望，最后对父亲说：“快告诉我，你把马藏到哪里去了？”之后父亲把悲观的孩子带到一个满是玩具的房间，以为孩子一定会很开心。没想到悲观的孩子竟然哭了起来，“你给我这么多玩具，万一被人偷走了一个怎么办？”

京东商城的CEO刘强东有一次在开会的时候，制定了新一年的销售任务要比去年增长百分之二百，当时参加会议的一个人当场指出这个计划的荒谬之处。刘强东很直接地告诉他：“我需要的是能够分析如何完成这项任务的人，而不是分析这项任务如何完不成的人。”结果，从那以后，公司再也没有看到这个人了。

一个人要想去改变自己的命运，那就必须从改变自己的性格开始，才能够实现真正意义上的心态转变。从其他方面下手的，那都是“头痛医头，脚痛医脚”罢了。

所有人都应该学会去运用“ABCDE理论”，学会时刻保持一种积极的心态，做到不抱怨、不推脱，能够调动一切可以利用的资源去实现目标。我们都拥有超乎寻常的力量，只要能够进行有效的整合，在正确、积极的心态指引下，就会迸发出巨大的力量。

包容他人
是一种强大

在英国的一家超市对面，一位中国男人开了一间杂货铺。由于店里的生意很好，遭到了隔壁几家店的排挤。在接下来的日子里，男人总会在店门口发现垃圾袋。男人没有理会，每一次都默默地把垃圾袋拿去扔了。隔壁卖菜的妇人问他：“你怎么能容忍他们这样的行为呢？”中国男子笑了笑：“在我们国家，有一句话是这样说的：吃亏是福。既然别人把福气都送到我手上，我应该感激他，为什么要生气呢？”从那以后，他家店铺门口再也没有出现过垃圾袋。

我们都按照利己原则生活着。可以说自私是一种本能，因为自私我们表现得对他人不包容，而不是像我们想象的那样。我们生活在一个矛盾的世界，谁和我们关系最亲近，彼此之间的矛盾就会越深。面对每天接踵而来的麻烦和混乱，我们是选择去抱怨个不停，还是像故事中的男人那样微笑面对？

仇恨是每个人身上都有的情绪，只是程度不同。仇恨是依附在仇恨这种情绪之上的，最初的时候只是很小一点。可是你一旦惹怒它，它就像一个气球不断膨胀。反弹作用、不甘、报复心理都是催生仇恨变大的因素。科学定义为“海格力斯效应”。

海格力斯是希腊神话中的大力神。相传有一天，他正走着，突然看到前方有一个膨胀的袋子，他好奇地踩了一脚，结果袋子没有破，反而变大了。海格力斯被激怒了，可是不管怎样敲打袋子，袋子不但不破，反而越来越大。一位智者过来告诉他：“这是仇恨袋。你越惹怒它，它就会变得越大。只要你不招惹它，避开就好。”海格力斯听了智者的话，果然，袋子再也没法激怒他了。

仇恨和那些不宽容的情绪一样，只会带给你无限的痛苦。你越是与之对抗，就会越陷越深。矛盾和痛苦都是这样，像滚雪球般越来越大，最后带来的痛苦也越来越多。对人本性的理解，古人就曾经说过：息事宁人，多一事不如少一事。

学会包容，是一种精神，也是一种强大的表现。以一种淡定从容的眼光来看待世间万物，明白人都有狭隘的时候。“有容乃大”这几个字就能很好地概括出包容的含义。宗教上这一点体现得最深刻，其中的大圣之人释迦牟尼和耶稣就是典范。

相传释迦牟尼准备在菩提树下修行的时候，不受所有妖魔鬼怪的干扰，以一种容天下万物的心态悟道修行，最终修成正果。耶稣宽容了将他钉在十字架上的人，最终靠着宽容的胸怀受到世人的爱戴。

清朝张英宰相和吴侍郎是邻居，两家人经常为了建房的地皮起争执。张英的母亲写信给他，希望能解决此事。张英只是在回信中附了一首诗："一纸书来只为墙，让他三尺又何妨？长城万里今犹在，不见当年秦始皇。"老母亲看毕后，觉得张英此言在理，于是命令下人将新房退让三尺而建。吴家人看到后，深感惭愧，于是也主动退让三尺。两道墙之间隔开的六尺距离反而方便了两家人的进进出出，给大家带来了便利。宰相张英的肚子不光能撑船，还能撑开六尺宽的城墙，后世人广为流传。

真正的宽容就是爱，对自己的爱，对别人的爱。爱是解决所有问题的答案。就像歌曲《爱的奉献》中唱到的那样：只要人人都献出一点爱，世界将变成美好的人间。

我们在面对那些麻烦制造者的时候，尝试不要去采取对立者的姿态。学会以一种包容的姿态去看待解决问题。忍一时，风平浪静；退一步，海阔天空。只有当你的内心被自由填满时，整个世界便都会在你手中。

优点比缺点更难被发现

所谓成功人士，并不表示他在方方面面都很出色。他的成功也许只是他的某个方面罢了。

苹果公司的前CEO乔布斯在事业上可谓是一个成功的人，可是他身边的人又是如何评价他的呢：“他心里住着一个无法打败的敌人——他自己。一个是巧舌如簧、聪明、睿智的天使乔布斯，另一个是孤傲、冷僻、急躁的恶魔乔布斯。就像是生物学上的共生植物，他们彼此靠着对方活着，无法单独保留任何一方。”

再想象一个场景，每一次在回家路上，你都能远远望见一条看门狗，它一看到你就狂叫个不停，大多数人的第一反应是“别叫”，脾气稍好的人会在心里想“你好，我们好像认识吧”；脾气稍坏的人会想“这是哪家的疯狗在乱叫”，人们的反应各不相同。但是善于从主人的角度看待这只狗的人，会去欣赏它，赞叹这家主人有一个“好伙伴”：“因为它很忠诚，至少在为这个家尽忠职守！”

如果一个人的优点可以被轻易发现，那也就不会留下“千里马常有，而伯乐不常有”的感慨了。当初许海峰跟随市射击队去省里参加选拔比赛，他的成绩很糟糕，子弹基本上都打飞了。可是省队主教练看到许海峰成绩的时候，却惊讶地发现他每次都把子弹打到靶心的右上方位置。就这样许海峰被挑选进省队和国家队进行训练，他的优势得以发挥，最终成了奥运会冠军，实现了奥运金牌零的突破。

生活中有一些看起来痴傻的人，很多都很优秀。每个人身上都会带有一点痴痴的特征。尤其在面对自己未知的事物面前，行为举止就会显得有些可笑。没有人生下来是完美无缺的，我们都带着各自的一点缺陷。当年的乔布斯在弃学哈佛之后，很多人都在嘲笑他。可是几年之后，当25岁的他在一夜之间成为百万富翁的时候，那些嘲笑他的人又在哪里……

在自己还是一个“白痴”的时候，能够发现你身上的优点，这个人就是你的伯乐。他能够在你满是缺点的时候发现“那个最好的你”，能够看到你“白痴”的背后隐藏的“天赋”。对于那些普通人，他们就只能够看到你身上的缺点。因为他们的感受力还不够强大，一旦超出他们感受的能力范围之外，他们就会避开你的“优点”，转而去寻找你的“缺点”，并将其放大。

每个人身上既有好的一面，也有坏的一面。那些坏掉的东西或许已经不再被适应，只能被淘汰。而存在的东西经过与时俱进，不断地由内而外焕发生机。一个人想要成功，就是要把自己身上的优点给无限扩大。

但是“伯乐”这么难寻，我们就只有从自己这匹“千里马”去入手。在别人还没发现你的优点之前，自己就先找到自己的优点。和乔布斯一样，我们都有“一个自己无法打败的敌人”，我们要面对的真正障碍是自己。当你能够发现并且依靠自身优点的指引，你就能成为掌控自己人生的人。日本“经营之圣”稻盛和夫总结出了一个人生方程式：“人生的成就或结果=思维方式×热情× 能力。”把思维方式放在首位，足见其重要性。本身具备的素质，也就是自身优缺点的综合决定了你的成功与否。

创业初期，稻盛和夫去拜访一位银行行长，无意间透露自己对日本品牌松下电器的创始人松下幸之助的崇拜之情。行长刚好认识他，对稻盛和夫说：“松下幸之助年轻的时候任性妄为，比不得你的成熟平稳。”稻盛和夫不赞同这个观点，他认为行长只是关注松下幸之助未成功之前的缺点，这不公平。松下成功的关键一定在于不断发展和完善自我。银行行长不赞同他的观点，两人交谈并不愉快。后来，稻盛和夫有幸见到了松下幸之助，看到如今的他，稻盛和夫知道自己的观点是正确的。他相信自己的正面思维，发现了成功者身上具有的共性和规律。稻盛和夫相信人最开始都是有缺点的，关键在于这个人在以后的生活当中是否可以不断去改造，将缺点变成优点。当自我意识得到不断改善，人的性格自然也会得到改变和提升。

问问自己："我的优点是什么？我的缺点是什么？"如果能够回答，再运用稻盛和夫的"人生方程式"，你就可以看到未来的自己能取得多大的成就。

人是集优点和缺点于一身的，但是最终的成就要靠优点来取得的。

不做主角，人生照样精彩

如果把人生比作一个大的舞台，也许所有人希望自己是主角。但是真正的主角只有一个，没有配角的陪衬，这部戏是无法出演的。尽管说是配角，实际上除了要有高深的演技，还需过人的勇气和出众的才华等。主角固然重要，但是当自己只能做配角时，也要全力以赴，争当最精彩的一个。

“红花还需绿叶配，主角还要配角衬。”就是这个道理。红花即使再娇艳美丽，可是没有绿叶在一旁陪衬，也很难显出红花的娇艳和美丽。不过，现实生活中，却很少有人能直面喊出“我甘愿扮演配角”的话，又怎会甘心去当他人的陪衬呢。

法国大作家雨果说过：“花的事业是尊贵的，果的事业是甜美的，让我们都去争当绿叶，因为它是如此平凡而低调。”大家都知道第一个登上月球的人是阿姆斯特朗，当他的脚踩在月球表面的那一刻，全世界都沸腾了。“这是我个人跨出的一小步，是全人类跨出的一大步。”他说的这句话瞬间席卷全球。可是当时还有一个人也登上了月球，他就是奥德伦，只不过比阿姆斯特朗晚登陆一会儿。

在之后的记者招待会上，一个记者突然向奥德伦抛出一个刻薄的问题：“此次登月，阿姆斯特朗作为登月第一人。你是否会为自己感到遗憾？”气氛突然变得尴尬起来，但是奥德伦马上很机智地回答：“但是在返程的时候，我可是作为第一个从别的星球来到地球的人啊！”说毕，全场响起了雷鸣般的掌声。

奥德伦在这次登月计划中，只是一个配角。但是我们必须为他点赞，因为他的谦逊和奉献，让整个团队取得了成功。他作为配角的表现丝毫不逊色于主角。

作为一个演员，哪怕就是跑龙套的，也很重要。电影《喜剧之王》里面，周星驰饰演的尹天仇就是一个为了坚持自己的演员梦，在片场中跑龙套的角色。剧中的这个小人物严格按照导演的指示来。只要导演没有叫停，不管是火在身上烧得有多疼，都坚持扮演好自己的角色，不会由于自己的缘故影响到电影的拍摄。这一幕让我很感动。因为尹天仇正视自己的角色定位，并且真正做到发挥自己的最大能量。主角有“最优”一说，配角有“最佳”一词，两者的地位是对等的。

说到配角，那就不得不提到香港影坛的“神级顶配”——吴孟达，人称“达叔”，他是香港著名喜剧演员，也是电影史上最有名、有最大成就的配角。从影二十余年，他从来没有在一部电影中担当主角。但就是这样一个配角的身份，他把形象如乞丐、父亲、老师、场工等众多小人物演绎得丝丝入扣、活灵活现。吴孟达说：“一部90分钟的电影，配角的戏不会超过20分钟。我就是负责配料的。主角是一条鱼，那我要去想的就是放入什么调味品才可以把鱼做得最美味，我就是那锅底的配料。”

单就一部影片来说，好的配角发挥的作用不比主角弱。由于配角大多戏份不多，但是为了给观众留下深刻印象，所以一般会由经验丰富的老戏骨来担当，他们必须要有扎实的功底和演技，才能够为作品画龙点睛。

现实生活中，我们往往有多重角色，既扮演着配角，又扮演着主角。不管是哪种角色，我们都要找准自己的定位，然后尽忠尽职做好自己的事，发挥个人的最大价值。

和娇小软弱的小草相比，也许每个人都想成为参天大树；和山间的小溪相比，也许每个人都希望成为汹涌的大河；和时隐时现的星星相比，我们都愿成为闪闪发光的太阳。可是所有人都去做这些大树、大河、太阳时，世界将变得没有秩序，不再美好了。虽然免不了会成为小草、小溪和星星，但是只要摆正姿态，我们依然能够活得精彩。当一个人具备了当配角的心态，便会发现，不管自己是什么，只要认真去做，生活都是美好的。

没有人
可以完美无缺

没有人天生完美无缺，有的人天生丽质，有的人相貌平平；有的人身材婀娜，有的人一直被肥胖所困扰，甚至身体还有缺陷。有人为此耿耿于怀、郁郁寡欢甚至痛不欲生，感叹自己的人生为什么这么不完美。有人说，每个人都是上帝咬过一口的苹果，这些表面的不完美，恰好是每个独立个体身上的那份与众不同。所以，世界上的任何一个人，任何一件事，都难做到完美无缺。那些不容许自己身上有一点的瑕疵，过分去追求完美的人，除了让自己活得拧巴，活得很累之外，最后很可能一无所有。

契诃夫在一篇文章中这样写道：假如我们已经度过的日子，都只是草稿，我们还有一次机会去誊写，那该多好。这段话深深地吸引了一个叫伊诺的青年。于是他向上帝祈求，自己可以多写几篇草稿。上帝沉默一会儿之后允许伊诺在感情上试一试。

第一次，他遇到一个非常美丽优雅的姑娘，两人一见倾心。

婚后不久，伊诺觉得姑娘只是徒有其表，于是将其作为一篇草稿抹去。

第二次，伊诺遇上一个不仅漂亮，而且还很聪明能干的姑娘。结为夫妻后发现他的妻子脾气暴躁，而且时常捉弄他，于是伊诺祈求上帝再给他一次机会。上帝笑着答应了。

第三次，伊诺找妻子的标准是在原来的基础上加上了要有好脾气这一点。结果婚后不到一年，妻子重病卧床，长久的病痛折磨很快便抹去了这位妻子的年轻和漂亮，病魔折磨得干瘦如柴。

伊诺这才明白，原来人生无论怎样苛求完美都不会完美无瑕，一直不满足和执着于挑剔，只会一无所有。

人活于世，必须接受一个现实：这个世界本就不完美。真正的智者在看待这个世界的时候，会以一种平常心对待。不管是花开花落，云卷云舒，他们总会享受生命中每一段时光。因为缺憾也是一种美。

国际上有一个公认的艺术美的代表作品：断臂的维纳斯。一开始维纳斯是有手臂的，维纳斯的右臂下垂手扶衣襟，左手拿着一个苹果。可是后来不知道什么原因右臂断成了碎片，至今无法修补。曾经有很多雕塑家都想给她装上双手。结果发现，无论是怎样完美的一双手装上去，都显得画蛇添足，最后大家就放弃了。结果由于这尊雕塑的不完美造就了大家心中最完美的女神，失去的双臂反而成了人们想象的翅膀。

著名导演冯小刚在女儿18岁成人礼上这样说：从现在开

始，你将面对真实的人生，很多时候你都会感受到生活的不公平。但是不要去苛责，学会接受现实，坦然面对自己和生活中的不完美。

心理学家认为，人的潜意识里都有对完美生活的向往和追求。适度地去追求完美的生活是应该的，也可以很大程度上调动自己的积极性；但是一旦要求过甚，在追求幸福的时候，想要达到一种完美的地步，那就需要及时调整了。

人生不可能总是十全十美，所以，我们要时刻保持一颗愉悦的心情去面对生活，不必对他人太过苛责，也不用对自己太严厉。让自己轻松去生活，让身边的人看到你也感到轻松。

//

没有人天生完美无缺，有的人天生丽质，有的人相貌平平；有的人身材婀娜，有的人一直被肥胖所困扰，甚至身体还有缺陷。有人为此耿耿于怀、郁郁寡欢甚至痛不欲生，感叹自己的人生为什么这么不完美。

坦然接受
命运中的不公平

现实生活中，我们总能够听到有人抱怨：“这世界真是太不公平了！”事实上确实是这样，这个世界本来就充满了各种不公平。环顾四周，世界从创造生灵开始，就充满了不公平。对虫来说，鸟的存在是不公平的；同理，蜘蛛之于苍蝇、猫之于老鼠、老鼠之于粮食……自然规律的弱肉强食，生物链的各个层级都存在种种不公平的现象。

再看看我们，有的人一出生就是大富大贵，豪门子弟。尽管他们顽劣成性，不学无术，生活依然过得有滋有味；而有的人出身卑微，低贱贫寒。已经竭尽全力去拼搏去努力，生活却依然艰难。而对于那些生活在战乱和突遭天灾人祸的人来说，更是不公平的。

周杰和马康两人从小一块长大，18岁那年又一起参军，分到了同一个军营。一直到读完军医大学，两人的生活轨迹几乎一模一样。毕业之后，周杰被分配到边防站做军医；而马康因为父亲的关系被分配到某市的大医院里。身边的朋友为周杰愤愤不平，周杰没说什么，踏上了远方的路。

三年的时间里，马康在大医院里安心工作，闲暇和各种各样的女孩交往；周杰在边疆却生活得十分艰辛，可是依然不放弃学习。炮火纷飞的时候，周杰被送往前线。在那里，他学会了珍惜生命，医术也得以飞快提升；而马康选择北上读研，但因考试挂科被迫留级，和女友之间也开始各种争执吵闹，最后也分手了。

从前线回来，周杰在一家小医院工作，收获了一份踏实的爱情。高超的医术让他成为当地远近闻名的大夫，32岁那年成功考上研究生，之后获得攻读博士学位的免费名额；而马康却开始连连失利，硕士毕业得磕磕绊绊，考博一直也没有成功，在一次手术过程中也出现了意外，慢慢地受到主任的冷落，事业几乎停滞。直到有一天，主任宣布新来的副主任——周杰，马康整个人都呆住了。

起初，在走出大学校门时，周杰和马康的遭遇确实是不公平的，然而，面对这个不公平的世界，周杰没有抱怨，没有在边疆的艰苦日子里唉声叹气。他勇敢接受这个现实，而且一直不放弃努力去改变自己的现状。终于等来了自己的机会。新东方的创始人之一俞敏洪说过：“这个世界本来就是不公平的，不会因为你的抱怨而改变。重点是你为这个不公平做出了怎样的努力？”

2012年感动中国十大人物之一的刘伟在中国达人秀的现

场，用双脚在钢琴上弹起《梦中的婚礼》，曲子结束，全场所有人都为他起立鼓掌。

1997年，10岁的刘伟因触电意外失去双臂。在医院做康复治疗的那段日子里，刘伟遇到了生命中的一位贵人——刘京生，他是北京市残联副主席。同样失去双手的他可以自己吃饭、刷牙、写字。刘伟感到震惊的同时也羡慕不已，于是他开始向刘京生学习。

两年之后，刘伟回到学校学习。期末考试中，刘伟拿到了全班第三名的好成绩。“从那个时候起，我开始努力学习。任何事情我只要想学，都能学得很快，做得比别人好。”刘伟自信地说道。

2002年的世界杯正如火如荼，刘伟也第一次看到了世界杯直播。从小刘伟就憧憬着能够成为职业球员。看到世界杯后，虽然自己的足球梦已经破灭，但是刘伟开始重新审视自己，决心成为一名职业运动员。12岁那年，刘伟开始学习游泳，经过努力，后来他进入了北京残疾人游泳队。两年之后，他在全国残疾人游泳锦标赛上获得了两金一银。刘伟当时对母亲许下承诺：自己要在2008年的残奥会上拿一枚金牌回来。

然而，命运又跟他开了个玩笑，在为奥运会努力做准备时，高强度的体能消耗导致他的免疫力急剧下降，刘伟患上了过敏性紫癜。医生告诉他必须放弃训练，否则将危及生命。权衡再三后刘伟听从了医生的建议。他放弃了足球、游泳之后，把希望重新寄托在另一项爱好上——音乐。确定了自己的音乐道路后，刘伟找到了一家私立音乐学院。然而学校的校长却以影响校容为理由将其拒之门外。

刘伟没有气馁，他开始用脚来学习练琴，要知道大多数正常人用手练了很多年都未必会有成绩。可以想象他这样一个残疾人，想把钢琴学好，需要付出多大的努力，为了能够有收获，刘伟每天练琴时间超过7小时。“我是三点一线的生活：练琴、学音乐、回家。日复一日，每天都是如此，那时真是精神和体力的双重考验。”

在脚指头一次次被磨破之后，刘伟逐渐摸索出了如何用脚来和琴键相处的办法。如同在足球、游泳上的表现，他对音乐的悟性同样惊人。经过努力，他终于站在了维也纳的金色大厅里。

不管命运是如何戏弄刘伟，他始终没有放弃人生的追求。面对上天给他的不公平待遇，刘伟选择接受，然后一次次战胜它。没错，人生就是这样的。在面对不公平的现实生活时，我们只有用自己的努力和汗水去突出重围，只有这样，才能够战胜不公平，才能够获得重生。

难得聪明，难得糊涂

一个人能够在该聪明的时候聪明，该糊涂的时候糊涂。如何精准地把握这个度，这是一门学问，也是一门处世智慧。

北宋有一名相叫富弼。年少的时候，有一次他在洛阳城的街头闲逛，无端端被人臭骂了一番。行人听到后好心对富弼说：“刚刚，谁谁骂了你。”结果富弼只是淡淡说道：“说不定是骂别人呢。”那位行人又说：“别人都把你的名字叫出来了。”富弼思考片刻后，说道：“那真不巧，我的名字和那个人竟然重名了。”结果这番对话传到了骂人者的耳中，那人羞愧极了，后来向富弼低头认错。

年纪轻轻的富弼就懂得了为人“难得糊涂”的道理。大家都知道做人不容易，做一个明白人也不容易，做一个糊涂的人更是不容易。其实无非就是知道“在自己该装糊涂的时候糊涂，不该假装的时候要保持清醒”，其中隐藏的处世学问，我们应该去细细体会。

一位智者对修行的人说，如果自己在街上遇到有人骂他，他都完全不会去理会。人生在世，时间很短，如果把精力消耗在这些没有意义的事情上面，就太不值得了。

智者和富弼对于这些不愉快的事情，都选择“难得糊涂”的方式来处理，这如同是给本来错综复杂的关系抹上了一层润滑剂，使其能够轻易解决。其实体现的就是一种处变不惊的风度，一种为人谦逊的气度。

“二战”期间，一支部队和敌军在森林中狭路相逢，双方激战后部队的两名战士与部队失去了联系。两人在森林中艰难跋涉，互相扶持，决心无论多么艰难，都要穿越森林。可是半个多月过去了，依旧没有联系上部队。只能靠着在森林猎杀动物来填饱肚子，战争让森林里存活下来的动物不多了，前几天猎杀的鹿肉只剩下最后一点了，再走不出森林，两个人都会被活活饿死。

后来又遭遇一次与敌军的相遇，好不容易躲过敌人的追捕。本以为要安全的时候，结果其中一名战士的肩膀突然中枪。走在后面的战士吓得说不出话，流着眼泪上前抱住老乡，急忙扯下自己的衣服帮他做好简单的包扎。终于到了夜晚，没有受伤的战士一直念叨着家人的名字，两人都以为自己活不下去了。虽然两人饥饿难耐，但是谁也没有想要去动那最后的鹿肉。多年之后两人都不知道自己是如何度过那个夜晚的。第二天，部队找到了他们。

30年后，当初那个受伤的战士安德森回忆："我知道肩膀上那一枪是伙伴开的。他过来抱住我的时候，枪管还是热的。我不明白他为什么要对我开枪。可能是为了活下去见母亲，也可能是想要那仅剩的鹿肉。对于当时受伤的我，我不想也不敢去质问他，怕他难堪，也怕他冲动后和我拼命。这样或许我们两人都会死。"他顿了顿。

"整整30年，我将这件事一直藏在心底，从未提及。战争带来的结果太惨烈了，等到我们回去，他母亲已经不在了。他在母亲的坟前向我下跪，希望我能原谅他。我打断了他后面的话，在那以后我们依旧是彼此的朋友。如果可以选择，我倒是希望能够永远不知道事情的真相，就这样度过剩下的日子。"

为什么"难得糊涂"能够成为从古到今备受推崇的处世之道？因为很多时候，对于人生来说，就是一个"贵在糊涂，乐在糊涂"的过程吧。遇到一些难以快速解决的问题是，尝试使用迂回手段，不要太过执着，凡事都要想开一点。

很多时候，时间会慢慢冲淡一切，等到化解之后，你所追求的答案自然会水落石出。对于某些时刻来说，换个角度思考，会让你达到一个未曾有过的境界，它可能会让你恍然大悟，带给你智慧上的通透之感，带给你前所未有的从容和一种豁然开朗的达观。

学会低调做人

有句古话说：低头是稻穗，抬头是稗子。在秋天收获的田野上去看，那些稻穗的头越是低下去的，表明它越饱满、成熟；而那些始终高昂着头的稻穗，不过是什么都没有的稗子。

这里面也蕴含着极深的处世智慧。低头是一种非常智慧的处世状态，那些经常可以低头做人的人，大都虚怀若谷。那些经常遭遇伤害的人，往往是一些不愿低头的人。我们常说的“月满则亏，水满则溢”说的也是这个道理，行事太高调过火，容易导致处处碰壁的结果。

从前有个经商的年轻人，性格倔强，经常因为生意上芝麻大小的事，和对方闹得不可开交，产生一些不必要的冲突，导致生意的经营状况很不理想。

这让他很困扰，为了解决这个情况，他打算去拜访附近一位有名的禅师。他走路有一个习惯，总是高昂着头，一副不可一世的模样。进到禅师的屋里时，他没有注意到比自己矮一头的门，结果撞在了门框上。

屋内的禅师也看到了这一幕，开口说道："痛了吧！这就是你要找寻的答案，也正是你该好好反思的事情。人的一生不可能总是顺风顺水，我们想要生活得平安顺遂，就需要学会低下头做人，时刻擦亮眼睛，看清楚当前的形势。不断提醒自己：想要出头就要先低头，出头切莫强出头。"

年轻商人把禅师的话牢牢记在心上，并将其作为商场斗争中的铁律之一。依靠这条铁律，他经过多年的拼搏努力，终于成为商界大佬。

聪明的人明白"低头"是一种处世态度，它不是自卑，也无关懦弱，它只是一种与外界环境相互维持协调的方法。可以将外界摩擦系数调整到最小，把周围对你不利的因素都转变成有利因素。这不是一种软弱，更是一种城府。

很久以前，一位绝望的男子不远千里来到法门寺，找到法门寺的主持释园大师倾诉苦衷："我本一门心思要学水墨丹青，可是走遍这么多地方，到现在都还没有觅得一位真正能让我拜他为师的人。"

释园大师问："技艺高超的画家有很多，难道就真的没有找到可以令自己满意的老师吗？"男子叹气摇摇头说："这些人大部分都是空有虚名罢了，我还见过他们的许多作品，可惜很多都赶不上我自己作的画。你说，他们连我的水平都没有，我又能从他们身上学到什么呢？”释园大师听后，笑了笑：“老僧虽不懂分辨水墨丹青的高低，但是喜爱收藏大家之作。既然施主自诩画技颇佳，还劳请阁下为老僧留下一幅佳作吧。”于是唤来庙里的小僧取来文房四宝。

释园大师对男子说：“老僧最大的爱好就是品茗，尤爱那些造型如流水般的茶具。每当看到好的茶具，心情总会愉悦。那就还烦请施主画一幅茶具可好？”男子听后，欣然应允了。二话不说便开始磨墨作画，把宣纸铺开后，只看他仅仅简单几笔，一个倾斜着的茶壶便跃然于纸上，壶嘴处正流出茶水，水流到下方一只造型美观的茶杯里。男子得意扬扬地问释园大师：“不知大师感觉此画如何，是否满意？”

释园大师走过去一看，微笑地摇着头说：“画工确实不赖，只是你把位置弄反了。茶杯应该放在上面，茶壶在下面才对啊。”

男子听后大笑道：“释园大师该不会是糊涂了吧？你何曾看到过茶杯往茶壶里注水的？”释园大师眼前一笑，看着男子说：“对啊！我还以为你不懂得这个道理呢。想要将那些画家大师的香茗注入自己的这个茶杯里，可是却把自己茶杯的位置放得比茶壶还要高，试问，这些香茗该如何注入？你又如何能学到大师们的高超技艺呢？大海为何能汇聚地上所有的水，就是因为它始终处在一个最低点。把自己的位置放得很低，才能吸纳各方水源。做人也是同样的道理，想要学习他人的聪明才智，不把自己放低，怎么能够去吸取别人的东西，来更加完善自己，让自己变得更优秀呢？”

学会低头做人，也就懂得了把握时局，能够顺利应对生活中千变万化的“高低门框”，避免受到无所谓的伤害。一个人只有把自己的地位放低，才能够看到他人的聪明和经验，并且纳为己用。只有低着头，不断去努力学习，才能永远保持进步，受人尊重。

//

生活中，有一种人喜欢逞强，爱显摆，在任何场合都想通过压倒别人来表现自己。尤其是在领导、上司等一些大人物面前，他们就如同打了鸡血一样，更加热情地表现自己的不凡。

锋芒毕露，不如藏巧守拙

生活中，有一种人喜欢逞强，爱显摆，在任何场合都想通过压倒别人来表现自己。尤其是在领导、上司等一些大人物面前，他们就如同打了鸡血一样，更加热情地表现自己的不凡。

然而，这种华而不实、喜欢夸张地表现自己的人往往很难赢得他人的青睐，这些爱表现的举动也很难被上司们看好。

一个朋友做过多年的职业经理人，他在分析职场新人的发展问题时说："对于很多公司老板来说，真正喜欢的是那种脚踏实地、专心做好分内之事的员工，并不喜欢那种什么事情都处处表现、爱掺和的员工。过度的表现会让人反感。对于新人来说，更是如此。"

业界一家知名的审计公司招来一个新人小王，刚来时，他充满热情，工作积极主动，和同事之间也相处得很不错。可3个月的试用期刚过，问题就出现了。经常有员工向领导反映，说他事太多，喜欢到处打听公司内部的事，对一些不便在公众场合讨论的问题喜欢刨根问底，让人很不舒服。经理听了这些，留了个心眼，开始观察他。

经理很快就发现，小王凡是跟自己有关的没关的，都爱打听，别人汇报什么事情，他都会立起耳朵听着。有一次，有别的同事向经理汇报工作，是关于下个月的计划报表。当时正好小王也在旁边。经理用余光扫了一眼小王，明显感觉到他停下了手里的工作，一直在听他们谈话，生怕落下一句话似的。经理对此特别反感，感觉此人心思不用在正经工作上，自己分内的工作不认真去做，反倒对与己无关的事情积极得过了头。后来还发现他不光听，还特别喜欢在自己不懂的领域发表意见，想要参与。

一次，公司财务部门有个复杂的表格要紧急处理，经理主动跟部门的几个老员工沟通，小王也在场，很明显他一直都在听着。过了一会儿，小王敲门进了经理的办公室，自告奋勇说可以让自己试试。当时经理感觉哭笑不得，因为职场中人，应该都知道一个基本常识：公司的财务往往比较私密，一般来说是不会让新人参与的。类似的情况后来也发生很多，经理提醒小王多次，可他就是改不了，处处表现，让同事们也很反感。无奈，没过多久，公司就找了个理由将其辞退。

喜欢表现的人，往往不够沉稳，不懂得藏巧守拙的智慧。古语有之："木秀于林，风必摧之；堆出于岸，流必湍之；行高于人，众必非之"，还有比较通俗的说法是："枪打出头鸟"，这些说的都是锋芒毕露者的下场，那些锋芒毕露、为人轻率张狂的人，很容易遭人嫉恨、遭人排斥。而善于藏巧守拙，善藏锋者，才是真正高明的处世智慧。

才华不露，聪明不逞，这才是真正的君子，也只有这样，才有任重道远的力量。

曾国藩算得上是藏巧守拙的高手了，也正是因为他懂得其中的智慧和利害关系，所以才能在仕途上一片坦途，才能在复杂的官场中巧妙避祸，并让自己的家族长盛不衰。

1684年，曾国藩携兄弟率湘军攻破天京，当时曾国藩及其家族声名大噪，举国为之欢庆，皇上也很振奋，决定大大犒赏曾氏家族。但曾国藩对于官场的敏感和多年的官场经验告诉他：功高震主不是好事，很容易危及身家性命。于是他给朝廷上了奏折，表示："统军太多，即拨裁撤三四万人，以节靡费。"经过几次要求之后，朝廷终于同意。实际上，他的队伍都是他自己培养起来的，都是湘军，他在自己最声名显赫之时，主动要求裁掉自己的队伍。这种"藏巧守拙"的行为，实际上是远离权势，保住美名。

同时，出于对官场潜规则的熟悉与了解，以及对弟弟曾国荃的了解，曾国藩在裁撤湘军的同时，他还奏请曾国荃因病开缺，让他回籍调养。这一行为虽然让弟弟一度不理解，甚至怨气满腹，但最终曾氏能在风云变幻的清末官场平安走到最后，这也足以证明曾国藩的藏巧守拙是明智之举，是有先见之明的。

曾国藩的守拙是一种自我保护的生存之道，这来源于对官场的敏感和人性的洞察。实际上，藏巧守拙与锋芒毕露是两种完全相反的处世方式。事业成功离不开才能的展现，适时适地、合情合理地显露出来当然也是必要的；但是何时该显露，何时该隐藏，这里面就有很大的学问，不分时机、不眼观六路耳听八方地乱显一通很容易遭遇灭顶之灾。

有才华是好事，但过于炫耀易流于自大，自大就容易招致轻视和敌意。即便想展示自己的才华，也要以谦虚的态度流露。露才过甚，为智者所不屑。必要的时候，要放低姿态，学会掩饰自己。智而示以愚，强而示以弱，能而示之不能，用而示之不用，才能够在人生路上蒙蔽对手，争取主动。

藏巧守拙不是懦弱和畏缩，而是一种聪明的处世之道，是人生的大智慧、大境界。

上架建议：成功 · 励志

ISBN 978-7-5143-6139-1

9 787514 361391 >

定价：39.80元